现代医院护理单元
平急两用建筑空间设计

MODERN HOSPITAL NURSING UNIT FOR
BOTH PEACE TIME AND EMERGENCY TIME
USE ARCHITECTURAL SPACE DESIGN

雷　霖／主编

U0294618

中国建筑工业出版社

图书在版编目（CIP）数据

现代医院护理单元平急两用建筑空间设计 ＝ MODERN
HOSPITAL NURSING UNIT FOR BOTH PEACE TIME AND
EMERGENCY TIME USE ARCHITECTURAL SPACE DESIGN / 雷
霖主编. -- 北京：中国建筑工业出版社，2024. 9.
ISBN 978-7-112-30085-3

Ⅰ. TU246.1

中国国家版本馆 CIP 数据核字第 2024RF9325 号

责任编辑：刘瑞霞　梁瀛元
责任校对：赵　力

现代医院护理单元平急两用建筑空间设计
MODERN HOSPITAL NURSING UNIT FOR BOTH PEACE TIME AND EMERGENCY
TIME USE ARCHITECTURAL SPACE DESIGN
雷　霖　主编

＊

中国建筑工业出版社出版、发行（北京海淀三里河路 9 号）

各地新华书店、建筑书店经销

国排高科（北京）信息技术有限公司制版

天津裕同印刷有限公司印刷

＊

开本：880 毫米 × 1230 毫米　1/16　印张：15¾　字数：380 千字

2024 年 8 月第一版　　2024 年 8 月第一次印刷

定价：**168.00** 元

ISBN 978-7-112-30085-3

（43507）

编　委　会

医疗建筑不仅承载着守护人类健康的使命，更是一个能够促进患者疗愈、提高医护效率、高度功能化而又充满人文关怀的建筑空间。它是民用建筑中最为复杂的建筑之一，设计应简约朴实、功能至上。与一般民用建筑设计不同，医疗建筑的设计要求建筑师不仅拥有扎实的建筑专业知识，更需要深入了解医疗工作流程，将复杂的医疗功能与人性化设计完美结合。

雷霖进院三十余年，一直从事公共建筑设计工作，深耕在医疗建筑设计研究工作近二十年，他不仅是一名优秀的建筑设计师，更是具有较高技术能力、善于沟通、能倾听业主心声、具有人文情怀的医疗建筑设计师。他具有敏锐的医疗建筑设计洞察力，对待医疗建筑设计有着清晰的观点，在多年的医疗建筑设计过程中运用循证设计与可持续设计的方法，将医疗建筑这个极端功能性建筑设计得更加合理。他主持的医疗建筑设计作品有一百六十余项，总面积超过 1500 万 m^2，荣获省、部级奖项 20 余项；完成、在研省部级课题 4 项，出版了两部专著，发表了十余篇论文，取得国家发明及实用新型专利十余项；外观专利及作品登记证书多项；主编、参编规范、标准、指南、图集十余部。作为西安建筑科技大学硕士生导师，他为医疗领域培养了一批专业人才。作为一名优秀的医疗建筑设计师，他始终坚持着朴实无华的医疗建筑设计态度，积极创作高水平医院建筑作品，并在医疗建筑设计的道路上不忘初心，砥砺前行。

近期，国家卫生健康委员会提出了"完善平急结合、快速反应的医疗应急体系"的目标。在此背景下，现代医院的"平急两用"模式应运而生，而现代医院护理单元平急两用的建筑设计研究更是当前完善卫生医疗体系的重要技术途径之一，意义重大。

本书论述了现代医院护理单元"平急两用、平急结合"的相关理论内容。分综合医院护理单元和传染病医院护理单元两类，结合工程实践进行了深入的理论阐述，并对重点空间进行了图文并茂的设计详解。在日益增大的突发传染病防治压力下，结合我国医疗资源发展现状和趋势，他在本书中提出"平急两用"护理单元的建筑设计策略。在这一建设策略下，既可以有效满足突发传染病的防治需求，又能顺应常规医疗资源快速增长的趋势，同时解决了传染病防治医疗资源因其自身运营情况无法维持较大规模的难题。

"深耕医疗，臻于至善"是他的座右铭，希望他在医疗建筑设计研究的道路上学以致用，行以致远。

全国工程勘察设计大师　赵元超

2024 年 6 月

随着我国经济快速发展，大城市数量逐渐增多，快速的城市化，急速扩张的城市规模也带来了一系列不可忽视的问题，如能源枯竭、环境恶化、交通拥堵、城市公共安全问题、住房问题、城市转型等。21 世纪以来，我国提出要坚持以人为本、全面协调可持续发展的科学发展观，坚持走可持续发展道路。人们对于医疗资源有了更高的需求。与此同时，普通的传染病专科医院存在着自我运营能力不足、财政拨款依赖过大的问题。探索综合医院与传染病医院如何有效衔接和快速转换，值得我们更多地思考。

近期，全国卫生健康工作会议上，国家卫生健康委员会提出了"完善平急结合、快速反应的医疗应急体系"的目标。国务院办公厅出台《关于积极稳步推进超大特大城市"平急两用"公共基础设施建设的指导意见》《住房城乡建设部办公厅关于加强"平急两用"公共基础设施建设质量安全监督管理的通知》等多项指导性文件。《"平急两用"公共基础设施建设专项规划编制技术指南（试行）》也已下发。这是一项具有重要意义的举措，既能够促进大城市转变发展方式，提升城市品质和功能，又能够增强大城市应对重大公共突发事件的能力和水平，更好地统筹发展和安全。

"平急两用"公共基础设施指为了应对新发重大疫情和突发公共事件，体系化设立的满足应急隔离、临时安置、物资保障、医疗救治等需求的公共基础设施。"平急两用"公共基础设施分四部分（旅游居住设施、医疗应急服务点、城郊大型仓储基地、市政旅游配套基础设施），其中"平急两用"医疗应急服务点又分监测哨点医院、发热门诊、定点医疗机构三部分。

在此背景下，现代医院的"平急两用"模式应运而生，已然成为完善当前卫生医疗体系的关键组成部分。而现代医院"平急两用"的建筑设计研究更是当前完善卫生医疗体系的重要技术途径之一，意义重大。本书提出的现代医院护理单元"平急两用"建筑设计就是新时期、新背景下医院建筑设计的重要组成部分，它将填补医疗建筑设计在"平急两用"研究领域的空白。

"平急两用"建筑设计的核心在于将医院建筑设计和运维划分为"平时"和"急时"两

个状态。"平时"满足日常诊疗需求，"急时"可转化为应急治疗场所。建筑设计需要充分考虑这两种状态下的诊疗需求，确保项目设计具备高度适应性，医疗资源便能够得到合理的配置和高效的利用。本书论述了现代医院护理单元"平急两用、平急结合"的相关理论内容。按综合医院护理单元和传染病医院护理单元进行分类，对重点空间进行了详细的图解设计并结合工程实践进行了理论阐述。

本书与《西安市公共卫生中心平急两用实施图解》形成姊妹篇，这两部专著为医疗建筑设计和研究人员、医疗卫生从业者等相关人员提供参考。旨在为今后降低突发公共事件对城市管理、人民生活的潜在影响，整体提升城市高质量发展的安全韧性，尽绵薄之力。

本书在编写过程中，得到了中国建筑西北设计研究院有限公司各级领导的大力支持，也受到业内多位朋友的热忱鼓励。西安市卫生健康委员会、西安市第八医院、西安交通大学第一附属医院、西安市干道市政建设开发有限责任公司、中建丝路建设投资集团有限公司（西北区域总部）、中国建筑第三工程局有限公司等相关领导及专家为本书的编写给予了支持鼓励和悉心指导。尤其是中建西北院医疗健康设计团队的设计人员和西安建筑科技大学的研究生程睿、姜柏楠、王纪龙、张志彪、刘星宇同学，参与了本书繁重的编写工作，并付出了辛勤的劳动。在此，谨代表编委会感谢大家的付出与厚爱。尽管编写人员都对此书倾注了诸多心血和热情，但经验和水平有限，书中难免会有一些失误与疏漏，恳请大家给予批评指正。

雷　霖

2024 年 6 月

CONTENTS | 目 录 ▶

第 1 章

平急两用建筑设计策略的提出

1.1 公共卫生应急体系面临的挑战

我国的公共卫生应急体系是由政府主导的包含各种组织、机构和资源的整体系统，旨在有效应对突发公共卫生事件。这一体系包含从监测预警、应急响应到医疗服务的各个环节。进入 21 世纪以来，全球逐渐进入突发公共卫生事件高发的时期，这对公共卫生应急体系提出了更高的要求。结合我国当前的应急医疗资源发展现状，公共卫生应急体系仍面临着不小的挑战。

1.1.1 日益增大的突发传染病防治压力

1. 全球的传染病传播趋势

21 世纪以来，随着经济的蓬勃发展，全球化的日益深入和交通系统的完善，人与人、物与物之间的交流日益密切，这为传染类疾病在不同地区、不同国家之间的广泛传播提供了客观条件。

2000 年以来，全球范围内暴发的成规模的传染病疫情大致包括：2003 年的非典型肺炎；2006 年的禽流感（AIV）；2009 年暴发于墨西哥、在全球范围内造成大量死亡的猪流感（H1N1）；2013 年在中国多次反复的禽流感（H7N9）；2014 年在西非暴发的埃博拉病毒病；2015 年在南美洲暴发的寨卡病毒病；2019 年底以来在全球范围内肆虐的新冠疫情等。这些疫情给全球公共卫生带来了巨大挑战，对全球经济、社会、文化等方面都产生了重大影响。

在经济全球化的形势下，人口聚集程度高、人员交往密切、物资流转速度快、产业分工跨区域等因素为传染病的全球化蔓延与传播提供了有利条件，同时传染性疾病呈现出新的特点：更快的传播速度、更广的传播区域、更多的变异可能性。因此，任何区域性的传染性疾病传播都可能迅速在全球流行，2019 年底以来的新冠疫情就是一个典型的例子。公共卫生应急体系所面临的挑战愈加艰巨、复杂。

2. 新发呼吸道传染病的影响

新发传染疾病是指社会上新发现的传染疾病，相比常规传染疾病，新发传染病常具有传播速度快、传

1

播范围广、防控难度大等特性。新发传染疾病往往会对国家公共卫生体系造成较大的危害。其中新发呼吸道传染疾病的危害最大，近年来国内外较为严重的公共卫生事件均与新发呼吸道传染疾病的流行有关。

2019 年底新型冠状病毒肺炎的流行更是给全球公共卫生系统带来了灾难性的影响。新发呼吸道传染疾病具有极易暴发流行、难以控制等特点，且新发呼吸道传染疾病的传播规律与传播特性、生物性状等方面的研究数据较为匮乏。因此新发呼吸道传染疾病对公共卫生防护系统的危害较大，是目前危害最大的传染病之一。根据表 1.1 的分析可知，2020 年我国各类传染病发病率总体呈下降趋势，但呼吸道传染疾病相较于其他传染疾病下降率较低，且死亡率高，死亡率呈上升趋势。由于 2020 年受新冠疫情影响，因此相对前一年，呼吸道传染疾病的死亡率上升 1.2 倍，给我国的公共卫生系统带来了极大的负面影响。

2020 年我国传染病发病率死亡率统计　　　　　　　　　　　　　表 1.1

项目	肠道传染病	呼吸道传染病	自然疫源及虫媒传染病	血源及性传播传染病
发病率	7.61/10 万	55.53/10 万	4.15/10 万	123.13/10 万
较上年相比	下降 29.4%	下降 12.9%	下降 27.2%	下降 11.9%
死亡率	0.0018/10 万	0.47/10 万	0.019/10 万	1.39/10 万
较上年相比	下降 5.3%	上升 1.2 倍	下降 28.1%	下降 10.4%

1.1.2　我国医疗资源的发展现状

1. 突发传染病防治医疗资源不足

如图 1.1 所示，截至 2021 年末，全国医院总数 36570 个，其中，综合医院 20307 个，专科医院 9699 个，其他医院（中医院、中西医结合医院、民族医院、护理院）6564 个。传染病专科医院仅 179 个，相对较少。

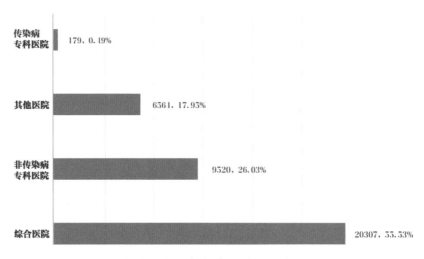

图 1.1　我国各类别医院数量及占比

（截至 2021 年末，数据来源于《2022 中国卫生健康统计年鉴》）

2019 年底，新冠疫情暴发时，武汉面临严重的床位数量短缺的情况。一方面由于呼吸道传染疾病的传播速度极快，确诊人数在短时间内激增；另一方面，尽管武汉市属于国内医疗资源较为充裕的城市，但应对短时间内成倍增加的呼吸道传染病患者，传染病医院呼吸道传染病护理单元有限，紧急投入使用的非呼吸道传染病护理单元对医护人员的保护较差，极易出现医护人员职业暴露，造成传染病防控失守、疾病在城市内大规模传播的情况。

其次，疫情后期病人激增、床位有限的情况下不得不征用条件较为优良的综合医院。但是大多综合医院护理单元不符合传染病防治标准，且需要保证综合医院内其他就诊患者安全，不能整合全部综合医院用于治疗。

因此，疫情暴发后，金银潭医院等传染病专科医院与相对符合隔离治疗条件的综合医院被确定为定点医院用于收治重症及危重症病例，普通患者多集中于方舱医院及社区隔离点，直至雷神山、火神山医院投入使用，病床紧缺的情况才稍加缓解。

除此之外，新冠疫情暴发之初，国内大多数城市传染病医院中呼吸道传染病护理单元配置较为有限，传染病医院基础建设相对薄弱。因此各省市多采用新建方舱医院、应急医院等临时建筑作为抗疫手段，尽管短期内成效显著，但是从长远角度来看，应尽快完善呼吸道传染病防控相关建设以健全公共卫生防疫体系。

然而，我国传染病防治医疗资源的规模受其自身经营情况限制，无法保持较大规模。根据《2022 中国卫生健康统计年鉴》的数据（表 1.2），国内综合医院在 2021 年的总支出经费为 28040 亿元。其中，中央和地方财政拨款为 2877 亿元，医院运营事业收入为 25465 亿元。综合医院的财政依赖度约为 10.3%，财务自给率达到 90.8%。相比之下，传染病专科医院的总支出为 389 亿元，财政拨款为 148 亿元，事业收入为 262 亿元。传染病专科医院的财政依赖度为 38.0%，财务自给率为 67.4%。

2021 年国内综合医院和传染病专科医院财务分析 表 1.2

医院类型	总支出 （亿元）	财政拨款收入 （亿元）	事业收入 （亿元）	财政依赖度 （财政拨款/总支出）	财务自给度 （事业收入/总支出）
综合医院	28040	2877	25465	10.3%	90.8%
传染病专科医院	389	148	262	38.0%	67.4%

（数据来源于《2022 中国卫生健康统计年鉴》）

从综合医院和传染病专科医院的财务数据可以看出，综合医院的自我运营能力较强，财政依赖度较低。由于传染性疾病的传播具有暴发性与不确定性特点，导致传染病专科医院平时患者数量较少。因此，传染病专科医院自营能力差，财政依赖度高，难以维持较大的常态规模。

总的来说，传染病专科医院对于财政拨款的依赖程度较高，而综合医院则具有较高的自主运营能力。这也表明需要针对传染病防治医疗资源进行规模、运营模式等方面的优化和调整，以平衡其经济效益和公共卫生应急保障能力。

2. 总体医疗资源的相对匮乏

长期以来，我国一直面临着医疗资源不足、分布不均等问题。根据卫生健康委员会的数据，我国的人口占世界总人口的 22%，但医疗卫生资源仅占全球总资源的 2%。而且，其中很多资源质量不高，这使得公众难以获得优质的医疗卫生服务。

截至 2021 年，全国医疗卫生机构床位总数为 945.0 万张，其中医院床位 741.4 万张。每千人医疗卫生机构床位数为 6.70 张，每千人医院床位数为 5.2 张。全国每千人执业（助理）医师数为 3.04 人，每千人注册护士数为 3.56 人。

尽管我国的医疗资源已经具有一定的规模，但与世界主要发达国家相比，仍处于相对匮乏的状态。如表 1.3 所示，截至 2019 年底，我国的千人病床数为 4.31 张，远低于同处于东亚地区的日本和韩国，与人均 GDP 接近的邻国俄罗斯对比也存在类似的情况。我国的医疗资源在未来的发展中仍然有很大的提升空间。

世界主要国家每千人医院床位数量 表 1.3

主要国家	中国	日本	韩国	德国	法国	俄罗斯
每千人医院床位数量（张）	4.31	12.9	12.4	8.0	5.91	7.12

（截至 2019 年底，数据来源《2022 中国卫生健康统计年鉴》）

另一方面，随着人口老龄化的加剧（图 1.2），更加放大了医疗资源短缺的问题。根据 2021 年第七次人口普查的数据，我国大陆 31 个省、自治区、直辖市和现役军人总人口为 141178 万人，其中 60 岁及以上人口为 26402 万人，占总人口的 18.70%，老龄化程度明显加剧。

人口老龄化不仅带来了劳动力减少的问题，还将显著增加人民对医疗卫生资源的需求。如表 1.4 所示，根据《2022 中国卫生健康统计年鉴》中调查地区 2018 年的调查结果显示，各年龄段居民对医疗资源的使用概率存在显著差异。65 岁及以上的老人两周内去医院就诊的概率是 40 岁青年的 3 倍左右，其年住院率是 40 岁青年的 3.5 倍左右。

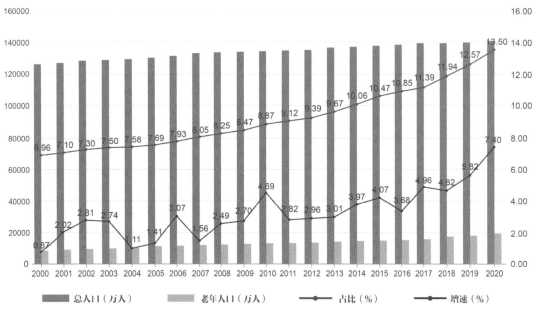

图 1.2　2000—2020 年我国 65 岁以上老年人口统计

（数据来源于《2022 中国卫生健康统计年鉴》）

年龄段（岁）	0~4	5~14	15~24	25~34	35~44	45~54	55~64	≥65
两周就诊率（%）	24.9	11.8	8.0	10.7	14.3	23.3	32.7	42.6
年住院率（%）	13.0	3.8	6.2	11.1	8.0	11.0	17.4	27.2

（数据来源《2022 中国卫生健康统计年鉴》）

因此，预计随着我国人口老龄化的加剧，人民对医疗卫生资源的需求将进一步增长。

3. 医疗资源投入的持续增长

为了满足人民对于医疗健康的不断增长的需求，我国对于医疗资源的投入逐步增大，医疗健康事业也得到了快速发展。特别是在 2015 年至 2021 年这段时间内，卫生经费、医院数量、执业医师和注册护士数量、医疗机构床位数和医院床位数等指标都得到了长足的增长，如表 1.5、图 1.3 所示。

2015—2021 年我国医疗资源增长表　　　　　　表 1.5

	医院（万个）	卫生经费（万亿元）	执业（助理）医师（万人）	注册护士（万人）	医疗机构床位数（万张）	医院床位数（万张）
2015 年	2.75	4.09	303.91	324.14	701.52	533.06
2016 年	2.91	4.63	319.10	350.71	741.05	568.89
2017 年	3.10	5.25	339.00	380.40	794.03	612.05
2018 年	3.30	5.91	360.71	409.86	840.41	651.97
2019 年	3.43	6.58	386.69	444.50	880.70	686.65
2020 年	3.53	7.21	408.56	470.87	910.07	713.12
2021 年	3.65	7.68	428.76	501.94	945.01	741.42

（数据来源于《2022 中国卫生健康统计年鉴》）

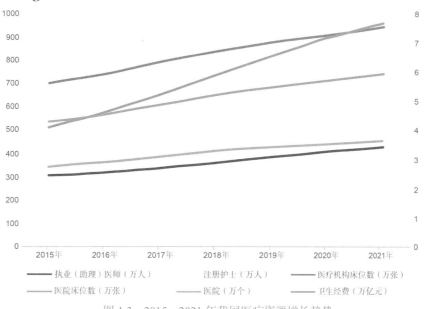

2015-2021年我国医疗资源增长趋势

The growth trend of medical resources in China

图 1.3　2015—2021 年我国医疗资源增长趋势

（数据来源于《2022 中国卫生健康统计年鉴》）

具体来看，医院数量从 2015 年的 2.75 万个增长至 2021 年的 3.65 万个；卫生经费支出从 4.09 万亿元增长至 7.68 万亿元；执业（助理）医师数量从 303.91 万人增长至 428.76 万人；注册护士数量从 324.14 万人增长至 501.94 万人；医疗机构床位数从 701.52 万张增长至 945.01 万张；医院床位数从 533.06 万张增长至 741.42 万张。

这些数据充分表明，我国的医疗健康事业进入了发展的快车道。根据这些数据趋势，结合日益增长的医疗需求，可以预见未来我国在医疗资源建设方面的投入将继续增长。

1.2 "平急两用"的解决办法

在日益增大的突发传染病防治压力下，结合我国医疗资源发展现状和趋势，本书创新性地提出"平急两用"的建筑设计策略。在此策略下，既可以有效满足突发传染病的防治需求，又能顺应常规医疗资源快速增长的趋势，同时解决了传染病防治医疗资源因其自身运营情况无法维持较大规模的难题。

1.2.1 "平急两用"的内涵

"平急两用"这一概念是近些年在医疗建筑建设探索中逐渐发展而来的，由早期的"平疫结合"逐渐演变成"平急结合""平急两用"。

"平疫结合"的核心思想是将建筑的使用分为"平时"和"疫时"两种状态（"平时"指日常运营期间，"疫时"指疫情期间）。在设计之初，充分考虑到两种状态下的运营要求，确保设计方案具备兼容性，以保证建成后的建筑能够在两种运营状态之间灵活转换。

"平疫结合"是由"平战结合"演变而来的。"平战结合"最早出现在军事领域，是指人民防空建设各个方面的软、硬件设施，在不影响战时防空袭能力的前提下，和平时期用于社会。随着传染性非典型肺炎（SARS）后国家的公共卫生防控制度的进一步健全，"平战结合"的思想逐渐深入到了人们的日常生活中，并运用到了对紧急情况的处理中。

在医院的建设上，由于政府对疾病预防控制体系和突发事件的关注与投资，综合医院与传染病医院在 SARS 暴发后，都迎来了新的发展机会。一批传染病防治中心和传染病专科医院相继动工建设。"平战结合"的理念得到广泛认可，建设了一批"大专科小综合"或者"强专科大综合"理念的综合医院，一旦发生严重传染病，可以迅速进行局部改建，转变成能够处理烈性传染病的专科医院。部分地区根据政策建设了公共卫生中心，如 2015 年建成的南京公共卫生医疗中心。

最新的指导文件为《综合医院"平疫结合"可转换病区建筑技术导则》，该文件于 2020 年 7 月公布。"平疫结合"的理念在传染病暴发后的综合性医疗机构的灵活性设计中也得到了广泛的应用。在传染病医院方面，虽然还没有"平疫结合"的设计指南，但是自从 2020 新冠疫情暴发之后，国家卫生健康委员会以及有关建设领域的专业协会，就传染病医院、临时医院、发热门诊等重点应急治疗设施的设计与建设提出了一些标准或者技术指南，用以指导医院在规划、设计、施工以及运行等各个环节中的具体工作。

目前针对新发生的疫情而制定的标准比以往的关于感染性医疗机构的标准要更加具体和严谨。从这一点可以看出，这样的规定更适合严重的传染性疾病暴发时的情况，也就是在"疫时"的设置上，有必要进行相应的调整。

"平急结合""平急两用"是平疫结合方针的延续。2020 年 5 月，自然资源部积极推动开展《城乡公共卫生应急空间规划规范》TD/T 1074—2023 制定工作，以指导国家和地方国土空间规划编制、完善公共卫生体系建设。2022 年 12 月国家卫生健康委员会印发《突发事件紧急医学救援"十四五"规划》（国卫医急发〔2022〕35 号）有关要求，进一步完善平急结合、科学高效的医疗应急体系，提升医疗应急能力。2023 年 4 月在广泛征求了国务院相关部委、地方主管部门、国内多领域研究机构及知名专家的意见后对《城乡公共卫生应急空间规划规范》反馈意见建议认真研判、修改完善，经自然资源部批准发布。作为国内第一个专门针对公共卫生应急空间制定的行业标准，注重城乡公共卫生应急空间需要，在总结现有各类医疗设施标准的基础上，充实和完善了卫生应急空间的规划标准，特别是"平急结合"空间的规划标准，强调强化公共卫生应急空间"平急结合"。突出空间资源的平急结合、复合使用和高效利用，尽量利用现状设施开展应急处置，高效使用存量空间，严格控制增量空间，提高节约集约用地水平。填补了该领域的标准空白，对于完善公共卫生体系和保障公共卫生应急空间具有重大意义。

2023 年 7 月 14 日，国务院常务会议召开，审议通过《关于积极稳步推进超大特大城市"平急两用"公共基础设施建设的指导意见》。会议指出，在超大特大城市积极稳步推进"平急两用"公共基础设施建设，是统筹发展和安全、推动城市高质量发展的重要举措。实施中要注重统筹新建增量与盘活存量，积极盘活城市低效和闲置资源，依法依规、因地制宜、按需新建相关设施。医院建设属于"平急两用"公共基础设施体系中的医疗应急服务点分支（图 1.4）。医疗应急服务点"平急两用"主要围绕降低新发重大疫情和突发公共事件对中心城区的潜在影响，整体提升城市高质量发展的安全韧性，健全医疗应急服务点的全生命周期建设展开。"平急两用"医疗应急服务点应在"平时"满足周边居民日常诊疗服务需求，"急时"可转换为定点应急救治场所。

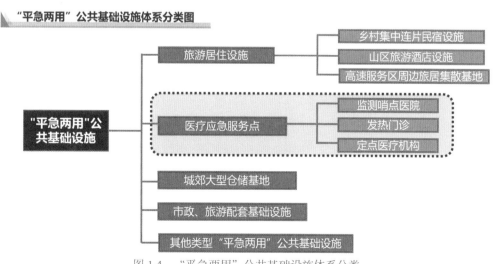

图 1.4　"平急两用"公共基础设施体系分类

1.2.2 "平急两用"下的护理单元设计新要求

当突发传染病暴发时，护理单元是传染病患者在治疗康复期间使用最多的场所，也是医院感控压力最大的场所。护理单元的"平急两用"设计是实现医院"平急两用"的重要基础和主要内容，因此本书聚焦于医院护理单元的"平急两用"设计。

"平急两用"的新思路下，对设计中各专业也提出了一些新的目标和要求：

1. 建筑专业

建筑专业统筹了项目设计的全过程，从前期策划、功能定位、总体规划、平面功能布局到与结构专业、机电专业、绿色建筑、装配式、数字化设计等相配合协调，每个阶段都需要建筑专业的深化设计和配合。而"平急两用"设计模式下的护理单元设计研究正是以建筑专业为主导的一项创新性的建筑研究，重点落在了以下两个方面：

一是研究在突发公共卫生事件的情况下将普通医院护理单元快速、高效、经济地转换为有传染病医院特殊需求的护理单元，探索出一种在普通医院护理单元的建筑设计和功能布局中预留出可快速转换为传染病医院护理单元的设计方法。二是研究在突发公共卫生事件的情况下将传染病医院非呼吸道传染病护理单元有效地转换为呼吸道传染病护理单元、将呼吸道传染病护理病房有效地转换为 ICU 病房的建筑设计方法，以更好地实现资源利用与整合。

另外，在实现以上转换的同时应确保转换的可逆性，保证公共卫生事件发生后医院的正常使用，避免转换造成额外浪费也是此次研究的重要目标。

2. 结构专业

结构专业要在保证建筑安全的前提下，确定不同建筑结构的抗震设防标准。结构形式优先考虑装配式、轻型结构，材料力求因地制宜，方便加工、运输及安装，并对应急改造项目提出各项构造措施。

3. 给水排水专业

对于给水排水专业，应保证平时给水排水、消防用水正常运行，急时能够高效地转换，并保证转换后的安全性，确保能有效阻断潜在的病原体传播途径。

4. 暖通专业

安全合理的空调通风系统是呼吸道传染病护理单元运行的重要基础，"平急两用"的设计模式下对暖通专业提出了以下几点要求：

（1）转换的快速性：在突发公共卫生事件时，空调通风系统应能在尽可能短的时间内完成系统的转换，以实现应急医疗资源的快速扩容。

（2）转换的合理性：对于普通护理单元来说，空调通风系统作为一个整体，不分区供排风。转换后应形成清洁区、半污染区、污染区分别独立运行的空调通风系统，以保证安全性。

（3）节约运行能耗：由于呼吸道、非呼吸道传染病病房的新风量需求较大，导致传染病病房的空调系统运行能耗较大。应采取合理的技术和设计以节约空调系统的运行能耗。

（4）节省建筑空间：由于空调系统、通风系统的风量较大，常导致风管截面积很大，为了尽可能节省建筑空间、增大净层高，应选取合理的技术方案，适当降低空间需求，节省土建成本。

5. 电气专业

电气系统设计应秉持"平急两用"的设计理念。在保证平时电力系统良好运行的情况下，预留应急电源接口。普通照明、应急照明、电力配电、火灾自动报警系统设计时应考虑急时建筑功能的变化，预留相关管线，保证电力系统急时转换的快速性、可靠性。

6. 智能与信息化

智能化系统内容多且复杂。保证平时系统正常运行的同时，与急时相关的系统在平时设计时应预留足够的扩展空间，比如：信息系统构架宜按区域化、模块化设计，有利于急时重新组网；建筑设备监控系统应预留足够控制点位，供急时负压病区各送排风机启停连锁等节点的控制；污染区、半污染区与清洁区应设置压差控制，并在护士站设置压力梯度监测和声光报警装置。

7. 医用气体

医用气体系统应能保证急时的用气需求：一是气体站房设备可按平时使用容量配置，但应预留急时气源设备的安装和检修空间，急时氧源的供氧能力应能够满足全院满负荷运转时 10% 的患者同时高流量吸氧需求；二是医用气体系统管径应按急时的使用流量设置；三是医用气体的用气终端应具备转换条件，满足终端急时的配置要求。

8. 绿色建筑

（1）建筑：建筑内部应设置具有安全防护的警示和引导标识系统，采取措施提高安全防护水平。当"平急两用"工程涉及节能改造时，建筑围护结构应具有良好的热工性能。

（2）结构：当"平急两用"工程涉及结构改造和加固时，建筑结构应满足承载力和建筑使用功能要求。建筑外门窗、外墙、屋面、外保温等围护结构的安全和防护性能应符合国家现行相关标准的有关规定。急时新增结构优先采用高强结构材料以减轻结构自重。不得采用国家和地方禁止和限制使用的建筑材料及制品。

（3）机电：使用耐腐蚀、抗老化、耐久性能好的管材、管件、管线。各类供水系统均应设置水质在线监测系统。所有给水排水管道、设备、设施设置明确、清晰的永久性标识。提高用水器具性能，降低感染风险。设置新风系统或独立空气净化器。供暖空调系统冷热源设备能效等级满足国家现行有关能效标准的节能评价值的要求。

（4）标识系统：标识系统的设计应以清晰明确为核心原则，确保所有指示信息简洁明了，易于理解和遵循。标识应布局在显眼的位置，使用鲜明的颜色对比和合适的尺寸，确保在各种光线和视线条件下都能被快速识别。同时应具有一定的适应性，以保证在急时标识系统能够迅速更新，适应新的布局及流线变化。标识系统应明确急时"三区两通道"的边界以及相应的使用场地、场所。

9. 装配式

依据"平急两用"需要进行空间分隔时，应使用满足隔声性能要求的轻质隔墙。应满足建筑结构与建筑设备管线分离，如采用 SI 体系（S——Skeletonor support 承重结构骨架，I——Infill 内部空间，SI 体系即承重结构骨架与内部空间的关系）的装配式建筑。增设临时厨房、卫生间时，应采用集成化部品进行建造。应采用能快速转化，并与建筑功能和空间变化相适应的设备设施布置方式或控制方式。

10. 数字设计与应用

"平急两用"项目应在设计阶段采用 BIM 技术，实现全专业、全过程的数字化应用与管理。设计模型精细度应根据建筑工程各阶段、各专业的 BIM 应用做出合理规划，使设计各阶段创建的模型及信息在设计、施工及运维中可持续深化使用。设计模型应根据设计阶段要求逐步细化，并宜在上一阶段的模型基础上进行深化，其几何表达精度、信息深度除符合设计专业的规定外，还应满足项目 BIM 应用需求。应分别建立平时与急时的设计模型，并编制平急功能转换时的模型转换说明。

项目应编制 BIM 实施策划，具体内容包含应用目标、应用范围、组织架构、模型创建与应用、信息交换、成果交付、质量控制等。BIM 技术交付物应包括模型文件与文本文件，并宜提供影像文件及图形文件，交付方应保障所交付的模型文件、影像文件、文本文件及图形文件等交付物信息的一致性，以及文件链接、信息链接的有效性。基于 BIM 技术的设计，各方宜采用协同平台进行协同设计工作与信息共享，并保证数据传递和共享的时效性与一致性。应根据模型创建、深化、应用、交付和管理的要求存储模型数据，并保证数据的安全性。

11. 平急转换质量控制

项目设计应编制平急功能转换设计专篇，包括但不限于平时使用功能设计图纸、急时使用功能设计图纸、急时转换设计要求等相关设计文件；急时使用的设备、设施宜一次建成验收，确有困难时，满足转换时限要求的部分可预留相关接口；预留"平急两用"转换的设施设备应满足日常维护要求，确保急时可用；应预留急时物资存储库，以应对急时部分大量使用物资的仓储需求；项目应急使用完成后，应能快速恢复原有使用功能；恢复原有使用功能时，所拆卸构件、设施、导视标识等应编号并妥善保存，以备再次使用。

第 2 章

现代医院护理单元规划与功能布局

2.1 住院部总体规划

护理单元的设计和使用与住院部的总体规划密切相关。护理单元的日常运营基于住院部的整体规划，而不同护理单元的设计也会对住院部的整体规划产生重要的影响。以结核病护理单元为例，由于其具有传染性，因此住院部应规划在院区下风向，且尽可能增大与其他建筑物的距离或者增设绿化带以减小对其他区域的影响。这种规划又会对护理单元病人进出院的流线和护理单元内外物流的组织产生影响。因此，在研究护理单元内部之前，需要对住院部的总体规划进行全面梳理。

2.1.1 综合医院的组成要素

综合医院一般由门诊部、急诊部、住院部、医技科室、保障系统、业务管理和院内生活七项基础设施构成，护理单元是住院部的主要组成部分，如图 2.1 所示。

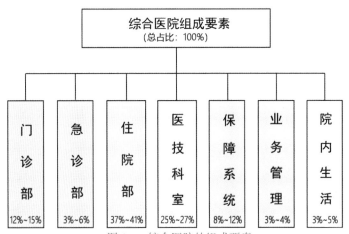

图 2.1 综合医院的组成要素

1.门（急）诊部

门诊部是医院内非住院病人进行初步医疗接触的场所，它由内科、外科、儿科、产科、牙科、皮肤科等各种科室及挂号、收费、办公等公共用房组成，在较大的医院中，门诊部的规模和组织形式较为错综复杂。门诊部一般占建筑总面积的 12%～15%，急诊部约占 3%～6%，急诊部一般紧邻门诊部布置，有时也会和门诊部合并在一起。门（急）诊部作为医院的窗口，对患者的诊断与治疗起着至关重要的作用。

2. 医技科室

医疗技术部门是医院设置诊断和治疗设施的主要场所，是医院的尖端医疗技术和设备的代表，涵盖了众多部门，包括诊断影像、放疗、手术中心、检验中心、功能研究、理疗和康复、重症监护、核医学、高压氧舱以及其他专业部门。

医疗技术部门是医院不断创新、不断拓展的关键。这里涉及的医疗程序极其繁复多样，涵盖了最先进和最尖端的技术，渗透到了诊断和治疗模式的最前沿。

3. 住院部

住院部由多个独立而又互相联系的部门组成。在这些部门中，出入院、药房和各科室病房占了很大的比重。病房按照科室划分，有普通内科、普通外科、儿科、妇产科、神经内科、泌尿外科、皮肤科、消化内科、肿瘤科等。除这些普通病房外，也有专门为特殊患者或医疗项目而设计的病房，如康复病房、特优病房等。康复病房是为康复期的患者准备的，而特优病房则是为高级干部和特殊人群准备的。

4. 保障系统

保障系统通常也被称为医疗辅助部门，由各种技术部门组成，是医院复杂生态系统得以发挥各种功能的关键支持部分。这些部门包括中心供应、中心仓库、中心供氧站、洗衣房、蒸汽站、中心吸引、医疗器械修理、太平间、污水处理站、变配电站、空调机房以及其他设备用房等。这些设施对医疗机构的日常运行至关重要。值得注意的是，有些医院的中心供应纳入医技部统一管理，以确保医疗用品可以随时向医护人员和患者提供。总而言之，后勤部门在任何一家医院的基础建设中，都是不可或缺的一环。其各种功能对于医院的平稳及高效运行，都是不可或缺的。

5. 业务管理

业务管理在医疗机构中的作用非常重要。该部门涵盖了许多不同的部门，包括院长办公室、接待处、会议管理、医学教育、质量保证、财务、总务、秘书处、人力资源、档案、电话、统计、计算机中心、图书馆和研究室等。这些部门紧密合作，确保医院高效运行。

6. 院内生活

院内生活部门是医院内提供各种基本服务的重要部门，包括职工宿舍、职工餐厅、超市、职工之家等。这些服务为医院内的职工提供了便利和支持，使他们能够更好地投入到工作中去，同时也有助于提高工作效率和生活品质。

2.1.2　功能分区与流线组织

医院中的七大部门可从使用功能的角度分为医疗区及其服务区。医疗区即医院中进行医疗流程的主要部分，包括门（急）诊部、医技部、住院部，构成医院的主体。服务区即对医疗区进行辅助支持的功能区，包括业务管理、院内生活及保障系统。为了院区布局洁污分流，一般会进一步将服务区分为清洁服务区和污染服务区。清洁服务区包括医生宿舍、职工食堂、行政办公楼及部分后勤区等。污染服务区包括洗衣、锅炉、冷冻机房、污水处理、污物存储、太平间等，综合医院的功能分区和流线组织如图 2.2 所示。

在流线组织上，应保证洁净与非洁净分开，两种流线不产生交叉干扰，各行其道，单向运作。在院区与外部的进出流线上，应保证洁净物资单向进入清洁服务区，医疗过程产生的污物单向从污染服务区离开院区，二者设置独立出入口。人员组织上，有条件的可进行医患分流。院区内部流线上，清洁服务区与医疗区之间、污染服务区与医疗区之间洁净流线和非洁净流线彼此分离，互不交叉。

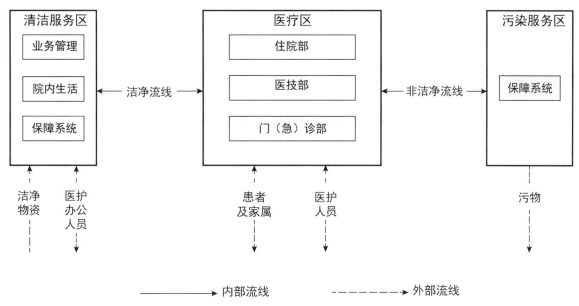

图 2.2　综合医院的功能分区和流线组织

2.1.3　住院部与其他部门联系

住院部作为医院的重要组成部分，和其他部门有着密切的功能联系。其与医技部的联系最为密切，在患者住院过程中，诸如检验、手术、理疗等医疗活动都需要医技部的功能支持。同时住院部大量的医疗耗材使用和污物的处理导致其与后勤部门联系亦十分紧密。同时，为方便住院部大量医护人员，其应与宿舍生活区保持合理的联系，住院部与各部门之间的联系如图 2.3 所示。

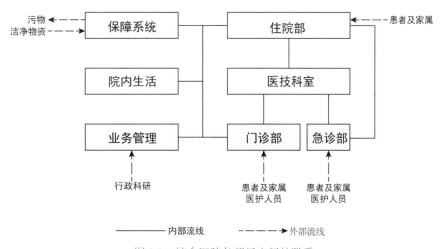

图 2.3　综合医院各部门之间的联系

考虑到住院部有大量的患者及家属，应设置独立便捷的对外出入口，条件允许时，可考虑医患分流。住院部作为院区内的人员聚集场所，在规划布局上应充分考虑人流物流的顺畅高效通行。

2.1.4 住院部的规划原则

1. 合理高效原则

功能布局合理是医院建筑设计中至关重要的一个方面，住院部作为病患护理的主要场所更是如此。在住院部的功能布局设计中，需要充分考虑各种不同的功能需求。这些需求包括：出入院办理、日常护理、诊疗治疗、家属探望、缴费报销、物流运输等。因此，在设计住院部的功能布局时，必须采取一种综合性的方法，以确保所有的功能需求都能得到充分满足。

除了考虑住院部内部的功能布局外，还需要将其与场地外部进行联系。住院部须考虑病患及家属日常往返于医院与家中的需求。为了满足这些需求，须布置便捷高效的单独出入口，并建立住院大厅，以满足出入院办理、缴费、报销等需求。这不仅可以提高住院部的工作效率，还可以给患者和家属带来更好的体验。

在住院部与医疗区其他功能区域的关系方面，住院部应与医技部保持高效的联系，以满足各种住院患者的医疗需求。例如，ICU 病房患者可能随时病情恶化需要手术治疗，因此应与手术部紧邻布置；产科病房应与分娩中心就近布置；放射科的位置也应该交通便利。这些布局设计可以提高住院部的医疗服务效率，使患者能够更快地得到治疗。

最后，在物流方面，住院部应考虑日常护理物品流通量巨大的问题。为了满足这些需求，住院部须与检验部门、血液中心、药剂及消毒供应等部门顺畅联系，还应与库房、被服、餐厨保持紧密联系。这些布局设计可以提高住院部的运营效率，并确保患者能够及时得到所需的物资和服务。

2. 人性化原则

住院部的地理位置和周围环境对患者的身体和心理健康有很大影响，因此在住院部的规划和设计中应该更加注重患者的人性化疗愈需求。在场地规划之初，应该充分考虑到动静分区，住院部应当位于医疗区相对安静的区域。为了保证住院部的安全和私密性，还应该设置独立的入口和出口，以减小无关人流和车流的影响。

为了让患者能够更好地感受到自然环境的美好，住院部的规划应该注重景观环境的建设和营造。在场地内外，应该利用绿化和园艺设计等手段，创造出优美的自然景观，为患者带来视觉上的舒适和愉悦。同时，建筑形态和布局也应该尽可能延长护理单元的光照时间，提高室内空气质量和照明水平，营造出舒适的住院环境。

住院部的规划还应该充分考虑患者的活动需求。为了让患者能够更好地进行康复训练和自我恢复，应该布置适宜和安全的患者活动空间，如健身房、散步道、阳光间等。这些活动空间不仅可以促进患者身体的康复，还可以帮助患者缓解心理压力，提高生活质量。

医院不仅是治疗疾病的场所，更是一个充满人文关怀与文化氛围的空间。住院患者作为医疗空间的长期居住者，他们对医院文化的感受尤为深刻。医院可以通过精心设计的标识系统、富有创意的文创周边产品以及精致的室内装饰来体现医院的文化建设。这些元素不仅能够传递医院的价值观和理念，还能够展现对患者的深切关怀，给患者带来更多的心理安慰和积极情绪。

总的来说，人性化疗愈理念应该贯穿住院部规划和设计的始终，从场地选址、建筑空间、景观环境、设施设备、文化建设等多个方面出发，为患者提供更加优质、舒适和温馨的住院环境，提高患者的治疗效果和生活质量。

2.2 护理单元的功能分区及流线

2.2.1 普通护理单元的组成内容

护理单元是为住院患者提供医疗服务的主要场所，由病房、护士站、病人活动室、治疗室、处置室、换药室、配餐间、医生办公室、示教室、值班室、污洗间、储藏间、开水间等功能用房和电梯、楼梯、廊道等交通空间组成，详见表2.1。

普通护理单元的组成内容 表 2.1

护理单元	患者区	病房、活动室……
	医护区	医生办公室、会议室、值班室、示教室、更衣间……
	护理区	护士站、治疗室、处置室、配餐间、储藏间、污洗间……
	辅助区	患者电梯、医护电梯、污物电梯、疏散楼梯、管井、设备间……

护理单元各区域所承担功能不同，患者区是患者大部分时间所处的休养场所，医护区是医护人员办公休息的区域，护理区以护士站为核心展开，是进行主要的护理工作的空间。同时护理区作为护理单元的功能核心，联系着医护区和患者区。条件允许时，应进行医患分流设计，医护人员和患者分别通过各自的专用电梯抵达护理单元，医护区内设置医护走廊，护理区和患者区间设置护理走廊，以保证医护人员流线和患者流线彼此独立，互不交叉，普通护理单元的功能分区和流线组织如图2.4所示。

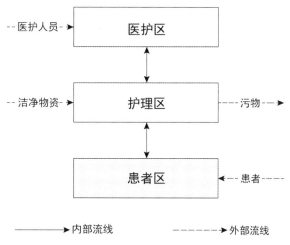

图 2.4 普通护理单元的功能分区和流线组织

2.2.2　普通护理单元的病房形式

普通护理单元内病房多以多床间为主，其中双床病房、三床病房居多，结合实际适当设置单床间。病房的形式大致相似，一般由卫浴区、病床区和护理区组成，有条件时会增加休息区。

以图 2.5 中的标准三床病房为例说明病房布局。一般每两间病房构成一个柱跨单位，因而病房多为窄开间、大进深的矩形格局。入口处一般布置卫生间和储物区，交通空间兼作护理区，另一侧布置病床，有条件的会在末端布置休闲区。此外，亦有将卫生间布置在病房外侧的，但会对采光造成一定影响。

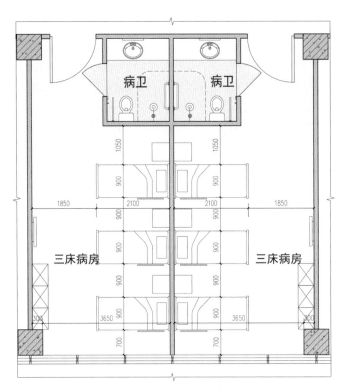

图 2.5　普通病房的布局形式

2.3　护理单元的平面类型

护理单元的空间布局形式是医疗建筑中一个重要的设计内容。不同的空间布局可以在很大程度上影响医疗护理工作的效率和质量，进而对患者的治疗和康复产生深远的影响。因此，在进行护理单元的设计时需要考虑多个因素，例如护理模式、护理半径、疾病特征、有效使用面积、采光情况、热工性能以及人性化关怀等。

单廊式护理单元是一种常见的组合形式，它以中央廊道为主干，将患者房间排列在两侧。该方案可以提供良好的空气流通和自然采光条件，同时也可以方便医护人员工作和患者接受治疗。相比之下，复廊式护理单元则在中央廊道的基础上增加了另一条平行的廊道，供医护人员使用，进行医患分流。

除了上述常见的护理单元组合形式外，还有一些比较特殊的布局形式。例如环廊式（方形、圆形、扇形等）以及组团式护理单元。

2.3.1 单廊式护理单元

单廊式护理单元（图2.6）是早期较为普遍的一种布局形式。这种形式的主要优点在于可以利用内部走廊作为条状护理单元的主要交通和联系空间，方便病人和医护人员活动。此外，单廊式护理单元的建筑结构简单，自然采光、通风和日照等方面也具有良好的效果。

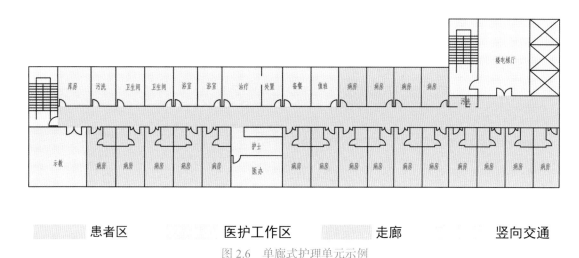

患者区　　　　　医护工作区　　　　　走廊　　　　　竖向交通

图2.6　单廊式护理单元示例

然而，随着医疗技术的不断发展和医疗机构的规模不断扩大，传统的单廊式护理单元也逐渐显露出一些问题。其中最为突出的是过长的护理路径。护理路径的长度对于病人和医护人员的移动和工作效率都有很大的影响。因此，人们开始探索新的护理单元设计形式。20世纪40年代，国外开始尝试摆脱传统单廊式护理单元的限制，引入了T形护理单元（图2.7）。

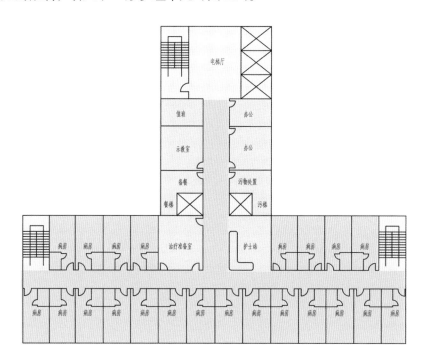

患者区　　　　　医护工作区　　　　　走廊　　　　　竖向交通

图2.7　单廊式T形护理单元示例

T 形护理单元将辅助空间集中在一个垂直的翼上，护士站位于交叉点上。这种转变使辅助空间位于一个独立的区域，避免了对病人通道的干扰，同时缩短了护理路径，提高了护理效率。伦敦圣托马斯医院在 20 世纪 60 年代初的扩建工程中采用了 T 形护理单元。这一改变极大地提高了医护人员的工作效率，也使病人得到更为舒适的护理环境。

在 T 形护理单元的基础上，人们又开始探索更为先进的护理单元设计形式。一种被广泛采用的设计形式是将两个 T 形区连接成一个"工"字形的护理单元（图 2.8），并设置一条独立的走廊。该平面形式利用楼梯、电梯和辅助用房构成"工"字形连接处，使得辅助空间和交通空间同时满足两个护理单元的需要，提高了使用效率。这种设计形式在现代医疗机构中得到了广泛的应用。

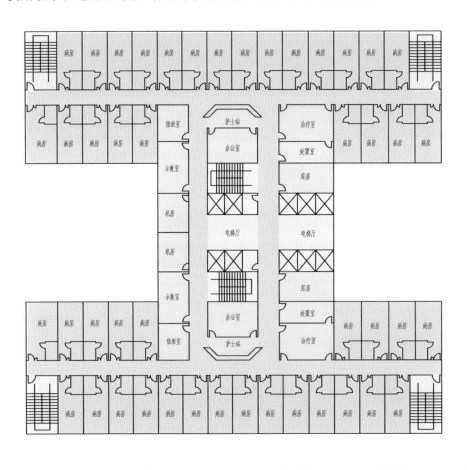

| 患者区 | 医护工作区 | 走廊 | 竖向交通 |

图 2.8 单廊式"工"字形双护理单元示例

2.3.2 双廊式-双侧病房护理单元

双廊式-双侧病房护理单元（图 2.9）作为住院部常用的设计形式，其实际应用价值已得到广泛认可。该设计形式最初源于 20 世纪 50 年代的美国，对传统单廊式护理单元进行了重大改进，将病人房间布置在外围，辅助区域集中布置在中央位置，以大幅缩短护理距离，提高护理效率。同时，该设计中的两条走廊极大地提高了病房管理的灵活性，可以用于管理不同类型的病人，因此深受欢迎。然而，这种设计形式也存在一些不足之处。

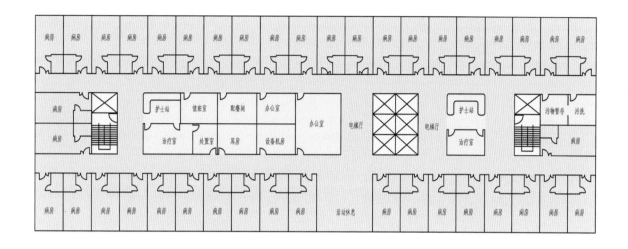

患者区　　　　医护工作区　　　　走廊　　　　竖向交通

图 2.9　双廊式-双侧病房护理单元示例

首先，与单廊式护理单元相比，双廊式护理单元的交通面积更大，需要增加机械通风和人工照明，从而导致能源和维护成本增加。此外，由于中央一排病房缺乏自然光和通风，造成了病房内外空气流通不畅，影响了病房的环境健康和工作效率。这些问题对于住院部的安全管理、医疗质量等方面都带来了不利的影响。

针对这些问题，产生了局部双廊（图 2.10）的解决方案，以两个单廊式护理单元的端部在末端重叠的形式来替代双廊式护理单元。通过在局部双廊处设置交通、辅助空间等，可以克服传统双廊式护理单元中心通风采光不足的缺点。

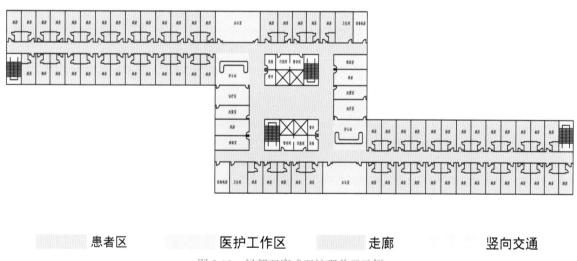

患者区　　　　医护工作区　　　　走廊　　　　竖向交通

图 2.10　局部双廊式双护理单元示例

2.3.3　双廊式-单侧病房护理单元

双廊式-单侧病房护理单元（图 2.11）包括两条走廊，三排功能用房。前一条走廊作为与病区相连的工作通道，后一条走廊作为内部通道，专供医生和护士使用。两个通道有不同的作用，两个通道连接处设有护士站，以便于对两个通道进行监控和管理。

这种布局设计将患者与医护人员之间的空间分隔开，前侧病房朝南，为患者提供了更好的视野与阳光，从而提高患者的康复体验。而非病房区域则面朝北，分门别类，在护理单元的正中央设置护士站、治疗室、办公室等，便于医护人员开展工作。

但是，这样的布局也有缺点。例如，交通枢纽只为一个病区提供服务，造成了一定的空间资源浪费。

为了解决这个问题，一种新的方案被提出——双廊式-单侧病房的 L 形变形护理单元（图 2.12），即将两个护理单元的两端垂直连接起来，共用交通核。与传统的布局方式相比，可提高交通空间利用率，缩短平面长度，提高照护效率。

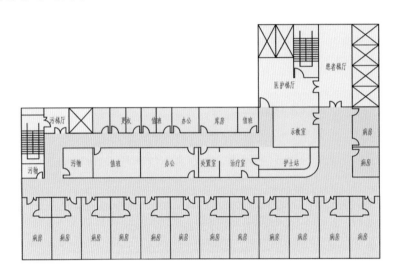

患者区　　　　　医护工作区　　　　　走廊　　　　　竖向交通

图 2.11　双廊式-单侧病房护理单元示例

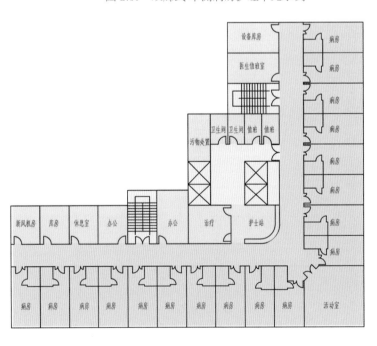

患者区　　　　　医护工作区　　　　　走廊　　　　　竖向交通

图 2.12　双廊式-单侧病房 L 形护理单元示例

2.3.4 环廊式护理单元

20世纪50年代末至60年代初期，在新兴材料和运输技术的影响下，医院建设者们开始大胆地进行护理单元设计的尝试，环廊式护理单元便是在这样的背景下产生的。

这种护理单元的布局形式以护士站和医疗用房为核心，病房围绕四周排列，紧凑的布局使得护理半径更小，结构和设计相对简单，抗震性能也较好。此外，集中的医疗设备和管道以及简单的管理，意味着建设、维护和管理的效率得到了极大的提高。

环廊式护理单元有几种不同的布局形式。20世纪60年代初，圆形环廊式护理单元的布局形式在许多国家获得了广泛应用。这种设计的精妙之处在于护士和每个病房之间的距离大致相同，为护理工作提供了最短的路径。护士被安排在圆圈的中心位置，从那里她可以观察到周围所有的病人。同样，每个病房的病人也能看到病房中心的护士，这有助于安抚和安慰病人，同时增强他们的治疗信心。

另一种环廊式护理单元的变体是扇形环形走廊护理单元（图2.13），它试图弥补圆形方案的一些缺陷。通过增加圆的半径和弧度，使得病房一般朝向南方、东南方或西南方。复合走廊则用于满足两种不同走廊功能的需要，将医护走廊和护理走廊区分开来。这种病房的布局节省了土地，减小了建筑的长度，增大了建筑的深度，满足了病房的功能要求，提供了良好的朝向、抗震性和较小的核心区。这种紧凑的平面布局，还产生了新的立面形式。

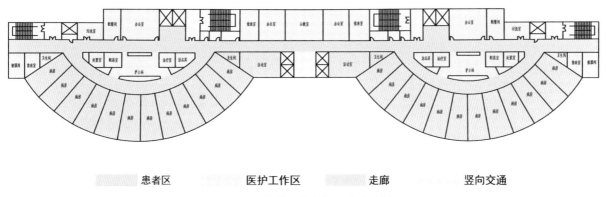

患者区　　　　　医护工作区　　　　　走廊　　　　　竖向交通

图2.13 扇形环廊式护理单元示例

最后是方形走廊型的护理病房，它是在环廊式护理单元的基础上将其加宽和扩大，形成一个带有环形走廊的方形平面，并在中心处双面布置护士站。这种设计方案弥补了圆形布局中空间的浪费，提高了空间利用率。同时，在中心设置护士站可以更好地协调和安排护理工作，提高护理效率和质量。

总的来说，环廊式护理单元在当时的医院设计中具有较高的实用性和效率。它提高了护理质量和效率，为患者提供了更好的治疗环境和护理体验。

2.3.5 组团式护理单元

组团式护理单元（图2.14）是一种改进的病房布局形式，将病房和辅助医疗区分成几组，以中心为轴心布置，每个中心都设有负责的护理人员。这种布局可以提高医务人员之间的合作和交流，增强团队凝聚力。在一些大型的组团式护理单元里，开放式的护士站和房间可以为医务人员提供更好的工作环境，方便他们更好地协作和交流。

这种紧凑的设计能够为病人提供更高质量的护理服务。同时，这种布局也方便了医务人员之间的交流和合作，提高了工作效率。组团式护理单元是一种值得推广的病房布局形式，能够为病人提供更好的医疗服务，同时也提高了医务人员的工作效率。

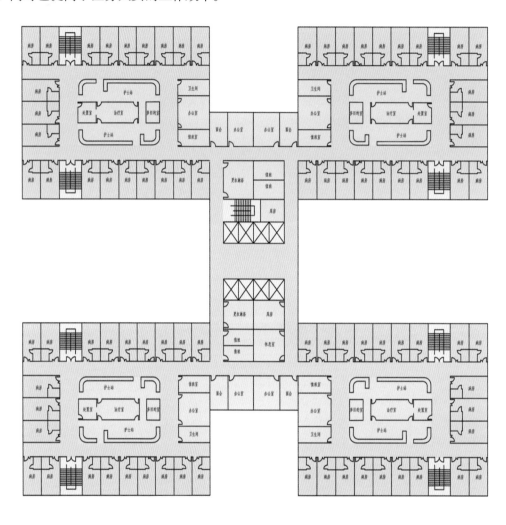

患者区　　　医护工作区　　　走廊　　　竖向交通

图 2.14　组团式护理单元示例

第 3 章

现代医院平急两用概述

3.1 平急两用公共基础设施建设

近年来公共卫生事件、自然灾害等应急情况频发，均具有不确定性高、随机性强、破坏性大等特点。而传统的公共基础设施主要是为了满足市民的日常生活需求，缺乏对于应急事件的快速响应能力。在城市空间集约高效利用的背景下，如何通过平时与急时结合的规划设计，使城市设施具备快速重组的能力，实现平时和急时的角色转换，是城市系统能否可持续发展的关键点。

规划原则上应尽量利用现有设施开展公共卫生应急处置，合理确定并高效使用增量应急空间，促进设施和空间资源共享，集约用地。

统筹日常健康和公共基础设施需要，与其他城乡空间相协调，应布局在地质条件稳定、满足防洪排涝要求、场地平整、交通便利、基础设施配套齐全的地段，应避让永久基本农田、生态保护红线、饮用水源保护区、高压走廊、油气管线、地质灾害高发区等，远离易燃、易爆及有毒物品的生产和储存区以及高噪声、强振动、强电磁场等污染源。定点医疗机构应远离商场等人群密集场所及幼儿园、学校、养老院等设施。

平急两用公共基础设施一般可分为永久性建筑设施和临时性建筑设施。本书所论述的永久性建筑设施主要指医疗应急服务点，此类建筑倾向于"平转急"，平时满足周边居民日常诊疗服务需求，急时可转换为能够应对突发疾病和救治意外伤害需求的医疗应急服务点，并能在急时结束后快速恢复为平时状态。

临时性建筑设施主要为方舱医院、应急医院的平急转换，该类建筑主要用于补充急时医疗资源。因此此类建筑平急两用倾向于"急转平"，急时增加补充医疗应急资源，平时转换为具有临时安置功能的保障性住房、健康营地、青少年体育运动基地等，提升资源使用效率，避免资源浪费。例如：

北京朝阳区七彩家园项目（图3.1）急时可迅速转换为应急场所，增强城市应对重大公共突发事件的能力；平时可作为租赁型住房，缓解新市民、青年人住房困难。从方舱医院成功转换为保障性租赁住房，市场反馈良好。七彩家园的成功得益于该项目的清晰定位，将临时性方舱建筑与保租房政策接轨，围绕快递员、维修工、小时工、保洁员等新市民、青年人提供租赁服务。房租便宜，满足了住房的多样化和多元化需求。同时创新服务，配套可用于会议、研学和旅行等活动的住宿需求，为方舱医院的平时转换提供了新思路。

图 3.1　北京朝阳区七彩家园

西安草堂健康营地（图 3.2、图 3.3）项目同样采取了平急两用的设计理念，分别根据各类突发公共卫生紧急情况与突发事件后的远期发展，设置了三种转换模式，用来保证项目的最大化效益。项目设置了方舱模式与隔离点模式的相互转换、方舱模式与健康营地模式的相互转换、隔离点模式与健康营地模式的相互转换。其中方舱模式与隔离点的转换模式是急时项目根据事态发展情况的弹性转换模式，方舱与健康营地、隔离点与健康营地的转换则是急时状态结束后转换为平时远期再利用的转换模式。该种模式将方舱医院转换为可对外开放的公共空间，主要思路为将清洁区转换为商业与服务区；收治区转换为健康营地，提供住宿，具有标准二人间（图 3.4）、大床房、套间三种住宿规格。在此基础上，进行户外设施的拓展。

除临时性方舱医院之外，还有一些永久性方舱医院建筑也需要从"急转平"的角度入手探索其平时使用价值。例如：塔城市方舱医院（图 3.5），项目建设地点位于塔城市人民医院南区新院东侧。急时用于补充院方医疗资源，平时可作为医院的技能培训中心或者活动室使用。

成都市新都区采取"留、拓、转"方式，将新冠疫情后的防控基础设施进行了重塑和转换，探索了相关设施、建筑的"急转平"的转换模式。相关经验获得国家发展和改革委员会肯定并在全国平急两用设施建设调研暨现场会进行经验分享。主要内容包括隔离点集装箱转换为公共驿站；核酸采样舱转换为司机之家、执勤岗亭、便民发热诊疗服务站、志愿者工作站；集装箱房屋转换为农业企业总部、农业专家工作站，打造"箱"式农业实验室、植物工厂、农业育种站。

图 3.2　西安草堂健康营地鸟瞰图

图 3.3　西安草堂健康营地

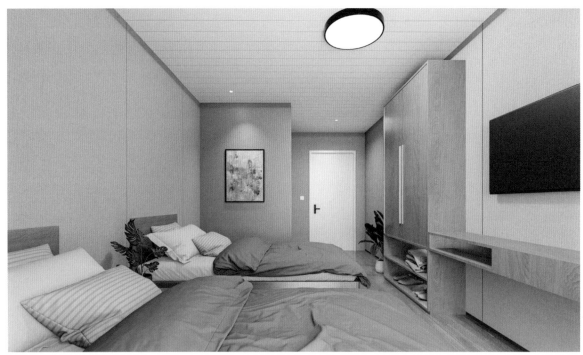

图 3.4　西安草堂健康营地转换后二人间效果图

图 3.5　塔城市方舱医院

3.2　现代医院平急两用分类

平急两用公共基础设施体系中，医疗应急服务点的平急两用主要分为监测哨点医院、发热门诊、定点医疗机构三类。本书所述平急两用研究对象为可建设为定点医疗机构的现代医院。

定点医疗机构的平急两用可根据所依托医院自身特点大致分为三类：

1. 传染病医院平急两用

传染病医院作为一个集中收治传染病患者的医疗机构，与一般的综合医院相比，拥有一套比较完整的传染病防治系统。一般面对紧急传染病流行的情况，可直接或快速根据传染病的传播特性改造后作为集中收治突发传染疾病患者的定点医院。平时普通传染病专科医院主要收治传染病患者，例如西安市第八医院、西安市胸科医院以收治结核病相关患者为主，一般普通患者就医则会尽量规避传染病专科医院。因此，传染病医院自身局限性较大，尽管面对突发疫情具备专业的救治能力，但平时经营较为困难。目前全国大多数传染病专科医院为摆脱困境施行综合化转型，可在保持传染病专科治疗优势的基础上，收治周边普通患者。此类传染病医院既可维持平时良好运营，也可在急时提供更加充裕的床位。因此，在SARS 疫情后，大多数新建传染病医院采用此种模式设计建设。杭州市西溪医院就是这一类型的平急两用医疗机构，它是 SARS 暴发后，为处理突发的公众健康问题而建立的一个特殊的传染性疾病医疗机构（图 3.6）。西溪医院设有病床 500 床，采取平急两用的模式，在新冠疫情暴发期间，西溪医院很快转换为杭州的定点医疗机构，为杭州市公共卫生体系筑起了坚实的防护。

传染病医院的布置需要充分考虑城市规划层面。在疫情面前，传染病医院是防控传染病的重要保障。然而，建设传染病医院需要耗费大量资源，因此为避免资源浪费，不应该大规模新建传染病医院。相反，传染病医院应该按照三级防控设计，采用分级分类的方法进行建设和管理。针对不同城市规模，应该采取不同的防疫措施，设区的市应至少配置一处传染病医院，应该考虑在城市合适位置建立平急两用型传染病医院。这种类型的传染病医院具有"大专科、小综合"的特点，平时采用综合专科双管齐下的运营模式，急时针对不同疫情规模采取不同的防疫措施，进行快速的建筑空间、建筑布局转换，整个院区可以全封闭管理并使用，实现传染病医院的平急转换。在建设之初，传染病医院应该明确定位设置应急预案。发生紧急情况时，传染病医院可在短时间内完成功能转换，使之成为防控传染病的重要阵地。

图 3.6　杭州市西溪医院

2. 综合医院平急两用

综合医院平急两用设计可在疫情较为严重时，提供资源与技术储备将其转化成基本满足收治隔离要求的收容空间。此种平急两用医院一方面防止了大规模新建传染病医院造成的资源浪费，另一方面确保面临传染病疫情时大部分综合医院可收治部分传染病患者，缓解急时床位紧缺的压力。

随着新型冠状病毒在全球范围内的暴发，传染病防控成为全社会的关注焦点。在这种情况下，如何在保障医护人员安全的前提下，最大程度地提高传染病防治的效果，引发了人们的思考。综合医院平急两用则是一种全新的传染病防控模式，它可以在现有的综合三甲医院内设置传染病区、可转换的传染病区和临时传染病区，传染病区和周边建筑物应设置不小于20m的安全隔离间距。住院楼护理单元可转换为符合"三区两通道"隔离需求的传染病护理单元，这种病房楼可以快速转换为传染病病房楼，从而解决了传染病防治和非传染病治疗之间的矛盾。武汉云景山医院（图3.7）是新冠疫情后，武汉市"两院四区"规划中规模最大的平急两用综合医院。该项目是集医、养、护、研及应对公共卫生事件于一体的国家重大工程。编制总床位数1000床，预留1000床应急使用。云景山医院秉持"平疫结合"的设计原则，迅速实现平疫双向转换，因地制宜助力韧性城市建设。设三大功能分区：综合医疗区、预留应急区、行政办公及生活区。预留应急区可在平时作为健身疗养区，优化医养资源；急时，三区迅速转化为污染区和清洁区两个区，且污染区位于城市下风向，与清洁区分开。患者流线、污染流线、医护流线明确分开设置，互相独立。

图 3.7　武汉云景山医院

护理单元转换方面，云景山医院护理单元转换后呈"三区两通道"的传染病医院护理单元布局模式，各区之间通过通风系统设置气压梯度，以满足呼吸道传染病护理单元所需空间条件。流线设置方面，医护患者流线相对独立，洁污流线相对独立。云景山医院作为平急两用医院的先行实践案例，具有一定的参考意义，但由于近年来，相关文件规范的不断完善，部分空间设置细节需要结合当前相关实施指南或细则进一步研究。

总的来说，综合医院平急两用一般重点处理综合医院护理单元的平急转换。当前大多数具有平急两用设计理念的综合医院一般护理单元采用复廊布局，医护工作区设置专用电梯，并集中于一端，护士站靠近病房，与患者电梯比邻（图3.8）。这种设计可以大大提高医护人员的工作效率，同时还可以降低医护人员与患者的交叉感染风险。病房外侧设置阳台并有可开启外窗，通过装配式隔墙实现阳台间的分隔，保证各病房间的相对隐私。卫生间布置于病房外侧以避免暗厕出现通风排气问题，方便打扫以及避免检修打扰等。可拆卸轻质墙阳台设计可以提高患者住院期间的舒适度，也有助于急时快速转换为传染病护理单元。在疫情暴发时，原护理单元快速转换为"三区两通道"的标准传染病护理单元（图3.9）。医护人员在专用出入口处完成更衣、防护等程序后进入半污染区，护士站采用轻质隔墙与医护走廊间进行封闭隔理。病房阳台隔墙全部拆除，外窗封闭，形成病人及污物通道，可直达污物处置间和污物电梯，以最大程度地保护医护人员的安全，同时还能最大限度地降低患者感染其他病人的风险。空调通风系统分区独立运行，病房排风口设置高效过滤器、空调回风口设置空气过滤器，加大排风量完成正负压切换，保证各区的正常运行，有效地防止空气中的传染源扩散，同时还可以为患者提供更加舒适的住院环境。上述转换模式为一种平急转换的设计思路，但在具体流线划分、具体空间布局上还有较大的优化空间，值得去进一步探讨。

综合医院平急两用是一种非常值得推广的传染病防控模式，它可以最大程度地保护医护人员的安全，同时还能有效地降低患者传染其他病人的风险。在今后的传染病防治工作中，我们需要加强对这种模式的推广和应用，为人民群众提供更加安全、高效的医疗服务。

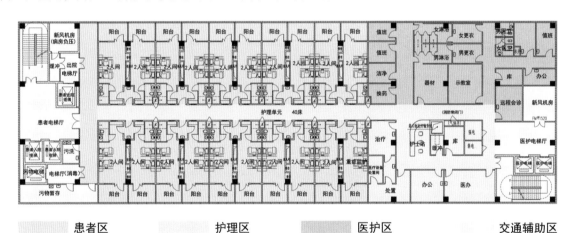

患者区　　　　　　护理区　　　　　　医护区　　　　　　交通辅助区

图 3.8　综合医院护理单元（平时）

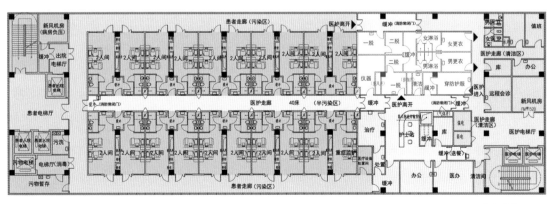

污染区　　　　　　半污染区　　　　　　清洁区　　　　　　卫生通过

图 3.9　综合医院护理单元（急时）

3. 其他医院平急两用

《西安市"平急两用"医疗应急服务点建设技术指南》中说明了定点医疗机构包括定点医院及后备定点医院。定点医院是在突发公共卫生事件预案启动时，由人民政府指定的本行政区域内综合实力较强、设施完备的（含中医医院）承担患者集中收治任务的医疗救治机构。后备定点医院是当定点医院无法满足需求时，作为定点医院补充的医院。因此，部分中医院以及"小综合强专科"的具有专科优势的综合医院，在空间条件较好、易于进行平急两用空间转换的条件下，可在急时通过空间转换后作为应急后备医院收治患者。

此类医院多为已建成的空间条件、医疗设备较为完善的医院，但由于建成时间较早及医院性质等方面的影响，该类医院护理单元空间在进行急时改造时，往往难以满足"三区两通道"的需求。因此，该类医院的平急转换思路为结合新冠疫情实战情况，考虑"三区单通道"模式，实现污染区、半污染区、清洁区的绝对划分。虽然不能满足传染病医院设置专用患者通道的要求，但可以在院感上满足疾病控制的要求，最终实现最大程度的传染病控制和救治要求。

4. 三类平急两用医院的特点

传染病医院平急两用作为城市应对疫情的主要手段和中坚力量，是"兼顾平时居民的日常诊疗需求的传染病定点医疗机构"。这种医院在平时就是针对传染病患者的定点医疗机构，拥有丰富的传染病治疗经验和专业设备，具有较为全面的综合医疗能力，可满足周边居民日常就诊。在疫情暴发时，这些医院能够迅速转变为封闭式管理的定点医疗机构，针对传染病传播特性进行快速改造后为疫情防控提供强有力的支持。

新建平急两用综合医院同属平急两用定点医疗机构，具备完善的平急转换预案，建筑空间根据平急两用需求配置，院区内具有可快速改造为满足传染病防治需求的独立病房楼，这种医院一般用于疫情中期，当传染病患者数量增加，该类医院的改造时间较短，能够在短时间内提供必要的治疗和救助。该类医院是第一种类型的有力补充。

中医院等专科医院的平急两用医院作为后备定点医疗机构，是在一些城市没有新建上述两类平急两用医院或传染病医院规模较小的情况下的后备补充。一般为既有医疗建筑改造而来的平急两用医院。新建医院需要大量人力物力的投入，时间成本高，因此，该类平急两用医院具有较为重要的应急补充作用。

对于综合医院的平急两用设计而言，需要在医院建设之初充分考虑规划分区与建筑单体中清洁区与污染区的划分问题。普通医院病区床均面积 30m² 左右即可，而设"三区两通道"负压病房的呼吸道传染病病区床均面积在 50m² 左右，两者之间存在较大的面积差异。因此，如何平衡面积差异，是综合医院平急两用设计的要点。但部分医院为追求经济效益压缩床均面积，会造成急时空间使用困难，难以转换的问题。对于传染病医院的平急两用设计而言，则更应注重城市规划的前瞻性，床位数的设置需要有一定的弹性空间，既要应对城市发展后的空缺，还要考虑传染病医院的平时运营情况。

新建平急两用型医院存在多方面的挑战与难点。因此，在规划设计过程中，我们需要从总结传统传染病医院建设运营的教训开始，保证既有医院建筑空间既能满足日常运营需求，又能通过紧急改造来应对紧急状态的需求，做好平急两用设计的基础。在实践中，突发公共卫生事件可能会对医疗体系的各个方面造成影响。因此，现代医院的平急两用设计不仅需要考虑医院内部的功能布局和设施配置，还需要考虑医院与社会的集成和医疗资源的分配。这既需要市政配套设施的支持，也需要整体城市规划的前瞻性设计和协调。此外，综合医院在应对突发公共卫生事件时，还需要考虑到医院的人员组成和管理。需要制定相应的管理机制和应急预案，以确保医院在面对传染病疫情时能够有序运转。综合医院是一个涉及面广的综合性医疗机构，其规划建设需要考虑诸多方面的因素。只有在整体设计和相互支撑上做到科学规划、合理布局，才能够更好地应对疫情和未来的医疗需求。

本节主要论述综合医院平急两用及传染病医院的平急两用。医院可在急时转换为较为完善的传染病防治医院。在突发公共卫生事件发生时可以更全面地照顾到各方需求，作为定点医疗机构快速投入使用。

3.3 护理单元的平急两用

1. 护理单元平急两用必要性

1）经济优化层面

总结 2004 年以来国家对各类突发疫情的抗疫经验，以及新冠疫情发生后应急医院建设与方舱医院的大规模建设经验可以发现：大规模建设应急医院建设经济投入高，建成后使用年限低，无法作为常备医疗资源使用。从长远角度来看以建设应急医院作为抗疫手段的方式经济投入高，时效性限制较大，无法从源头解决我国的公共卫生防御问题。当其他疫情来临时，既无法使用原应急医院，又要新建应急医院，陷入无效循环、经济投入浪费的窘境。设计规划建设平急两用医院可能面对短期内经济投入较高的情况，但长远得益远超出应急医院建设。医院平急两用设计一般聚焦于院区规划与护理单元设计。将平急两用理念聚焦于护理单元设计也是出于对经济性因素的考量。医院建筑单体中，若所有建筑均采用平急两用设计，经济投入过高，且资源浪费较大。护理单元是患者使用率最高且使用时间最长的主要空间，因此选择护理单元作为医院平急两用设计的主要对象，经济成本相对可控，较为合理。

2）实用层面

应急医院与方舱医院改造的最大优点在于方便建造，用时较短。因此患者使空间质量较低，空间舒适度较差。且装配式建筑气密性相对较差，在实际建设与后期使用过程中设计、维护成本高，实用性较差。在设计之初就符合平急两用设计的护理单元空间使用感更好，环境更符合人文关怀。预留设备管井，根据疫情模式进行改造的设计，使用灵活性大，安全性高。

3）预见性发展层面

平急两用设计是当前医院设计建设的趋势所在，我国作为人口大国，公共卫生防御压力重大。平急两用护理单元设计研究有助于提高医院利用率，是提高公共卫生系统防御能力的必要性建设。

2.传染病医院护理单元平急两用

传染病护理单元在建筑空间布局上均为"三区两通道"的布局形式。传染病护理单元的平急转换主要指非呼吸道传染病护理单元转换为呼吸道传染病护理单元。由于两类护理单元建筑布局基本相同，因此转换过程中设计建筑空间转换较少，可实现快速转换。作为疫情防控的"第一梯队"，把握转换时效性是传染病医院护理单元平急转换的设计要点，因此传染病医院护理单元平急两用设计需要根据呼吸道传染病护理单元所需空间需求设置弹性转换空间，管道空间应配备相关负压管理设备。平时护理单元根据医院患者情况设置部分呼吸道传染病护理单元。急时非呼吸道传染病护理单元快速转化为呼吸道传染病护理单元。相对综合医院护理单元平急转换，建筑空间改动较少，且相关机械设备安置完善，可进行快速转换。因此，传染病医院护理单元平急转换更注重平时空间安全性、合理性设计与方便快捷转换设计。急时快速安全转换，第一时间收治疫情发展初期的患者。

3.综合医院护理单元平急两用

综合医院相较于传染病医院护理单元布局差别较大。综合医院护理单元平急转换一方面体现在建筑布局重新分区，划分清洁区、半污染区与污染区范围，区分医护走廊与患者走廊。护理单元空间设计需要较多地考虑弹性设计，如利用病房阳台或阳光房改造患者走廊，利用急时非必要功能用房改造为医护卫生通过，以实现"三区两通道"的传染病护理单元布局如图3.10所示。另一方面，为应对呼吸道传染疾病，护理单元需要转换为负压状态，因此需要根据呼吸道传染疾病护理单元所需机械设备空间需要，规划通风排水管道设计，用于急时的机械转换。综合医院护理单元平急转换既要进行空间大规模改造，又要根据预留机械设备管道安装相关机械设施，改造需要时间较长，一般作为急时突发事件发展较为严重时的储备医疗资源使用（即根据具体发展形势，进行转换）。

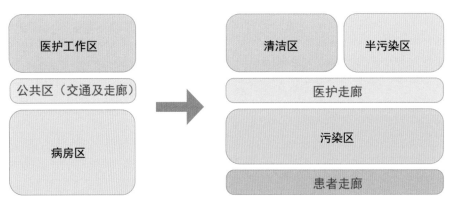

图3.10　综合医院护理单元平急转换示意图

综合医院护理单元平急两用设计改变了以往传染病医院与综合医院"各司其职"的关系，整合部分综合医院资源供急时患者使用，很大程度上缓解了传染病医院医疗资源相对有限的情况。经济方面，相对于疫情临时新建应急传染病医院，平急两用医院护理单元的建设投入更具有长远意义。建筑空间方面，护理单元病房阳台、阳光房等空间设置平时有助于增加医院病房床位平均面积，提高病房空间舒适度，为患者营造更加舒适的住院环境。

4.传染病医院与综合医院平急两用的区别

1）常备与储备关系

传染病医院是我国公共卫生防御体系的第一梯队,平时用于应对不同传染疾病,收治各类传染疾病患者;当大规模传播性强的传染疾病暴发时,传染病医院可根据突发疾病的传播途径,做出针对性反应,及时防止疫情进一步传播。综合医院则作为公共卫生防御体系中的储备力量,根据疫情发展形势转换为传染病医院护理单元,缓解传染病病床紧缺状态,平时则主要收治普通患者。因此传染病医院平急两用与综合医院平急两用之间的关系为常备与储备关系,两者之间相辅相成。

2）基本空间与设备配置

传染病传播中呼吸道传染疾病传播速度快、防控难度大。因此传染病医院护理单元中呼吸道疾病护理单元空间防控最为严密。然而一般传染病医院呼吸道传染病护理单元设置较少,因此传染病医院平急转换更多指传染病医院非呼吸道传染病护理单元转换为呼吸道传染病护理单元。空间设置上,呼吸道传染病护理单元与非呼吸道传染病护理单元设置差异较小,主要转换为相关机械通风设备转换。新建平急两用型传染病医院护理单元为争取快速平急转换,节省转换时间,一般均依照呼吸道传染病护理单元所需设备建设,平时作为非呼吸道传染病护理单元使用,急时根据疫情转换,选择开启相关设备。相对而言,综合医院护理单元与传染病医院护理单元在空间设置方面本身差异较大,急时综合医院护理单元需先进行时间较长的空间转换,再安装相关通风设施,转换周期较长。一般当大规模疫情暴发时,传染病医院作为第一梯队接收患者后,若疫情发展形势需要,平急两用型综合医院则需马上投入转换建设中,进行空间转换、设备安置等系列改造,以增加传染病患者收治空间。

5.平急两用模式下护理单元的运维

护理单元的运维管理是确保其能够持续、高效、安全地为患者提供医疗服务的关键环节。在平急两用模式下,护理单元的运维管理尤为重要,它直接关系到在急时是否能够迅速完成转换,以便安全、高效地提供医疗服务。以下是一些关键的运维管理措施:

1）应急管理与转换预案

制定详尽的应急预案,涵盖建筑空间的快速转换、医疗设备的紧急安装与调试以及人员和医疗资源的迅速调配。

通过定期演练,提高团队对紧急情况的响应速度和处置能力,确保在关键时刻能够迅速有序地进行转换。

2）强化人员管理

加强医护人员对平急不同医疗流程的了解,确保他们能够在急时严格遵守医疗隔离和卫生标准,保障医疗服务的安全性。

鉴于急时对医护人员的需求激增,医院应在平时就建立医护人才储备库,并通过持续的教育和培训,确保急时能够迅速动员足够的专业人员。

3）高效的物资管理

明确急时的物资需求,建立可靠的物资供应网络,并制定清晰的物资调配和使用流程。

对于急时可能迅速增加的医疗耗材需求，应提前进行适量储备，而对于新增的设备设施，则需明确其技术参数和采购渠道，以确保能够及时采购和投入使用。

4）持续的质量保证措施

实施持续的质量监控体系，对护理环境和医疗流程进行实时监控，确保在急时能够提供符合安全标准的医疗服务，避免交叉感染。

第 4 章

综合医院护理单元平急两用设计

4.1 设计原则

综合医院是中国医疗卫生机构的重要组成部分，其在医疗卫生事业的发展和建设中扮演着重要的角色。而护理单元是医院内的重要组成部分，如何合理建设护理单元，对增强综合医院公共卫生保障能力具有极其重要的意义。在采用平急两用的设计策略进行新建综合医院护理单元的设计时，应充分考虑其日常运营需求和公共卫生事件暴发时的社会应急保障需求，以提供全面的卫生服务。

综合医院护理单元的设计应当遵从以下原则：

1. 安全性原则

护理单元平急两用设计最重要的原则是安全性原则。在设计过程中，必须充分考虑医护人员、患者和公众的安全。特别是在公共卫生事件暴发时，医疗系统是抗击公共卫生事件的第一阵地和主要力量，如果在护理单元中发生了严重的交叉感染，不仅会导致医疗系统瘫痪，还会严重威胁公众健康和生命安全。因此，在设计护理单元时，必须从安全性出发，建立起一个安全、可控的医疗环境。

举例来说：护理单元的设计应该遵循"三区两通道"的分区要求，即将其内部划分为清洁区、半污染区和污染区；同时合理规划人流、物流，保证医患分流和洁污分流。医患分流通道可以减少医护人员和患者的接触，有效较低交叉感染风险。洁污分流可以将医疗废弃物和洁净物资进行分离，防止病原体随物品扩散；机电系统的平急两用设计也非常重要，确保气流组织从低风险区流向高风险区，减少病原体的传播，避免病人和医护人员感染。

2. 高效性原则

护理单元平急两用设计的另一个重要原则是高效性原则。这个原则的内涵包括两个方面：一方面，综合医院平急两用设计的护理单元，在大部分时间还是作为普通护理单元使用的，作为综合医院中最为核心的部分之一，必须能够保证高效的医疗服务，为患者提供及时、准确、有效的治疗和护理，提高医疗资源利用率。另一方面，护理单元的设计应该充分考虑应急响应能力，以灵活快捷的转换应对公共卫生事件的暴发。应能够在短时间内快速转换，投入到抗击公共卫生事件一线中，为疾病的控制和治疗提供必要的支持。

为了实现护理单元的高效性，设计应该从以下几个方面进行考虑：

首先，院区的整体转换是护理单元能够实现转换的前提，应保证院区转换方案的灵活便捷性，针对不同的传播形势进行分级分区的灵活转换。

其次，护理单元的空间布局应该合理，保证医疗设施和人员的高效运转。在设计护理单元的时候，应该根据医疗需求和人员流动情况，科学、合理地规划护理单元的布局，确保医疗设施和人员之间的空间布局合理，避免交叉干扰和空间浪费。

最后，护理单元的应急响应能力也是高效性原则的重要内容之一。应急响应能力应该包括护理单元的转换能力、应急物资的储备和配备、应急管理机制的建立等方面。这些措施能够在公共卫生事件暴发时，保证护理单元能够快速转换为隔离病房、重症监护室等特定的医疗设施，同时保证医疗流程的安全和高效。

高效性原则是护理单元平急两用设计的核心之一，它要求护理单元在正常的医疗服务和应急响应中，能够快速、高效地运转。这需要在护理单元的设计和规划中，充分考虑各种因素，以确保医疗服务的高效性和质量，同时保证护理单元的应急响应能力。

3. 经济性原则

护理单元是医疗机构中最关键的组成部分之一，而在传染病防控工作中，护理单元更是起到了至关重要的作用。针对传染性疾病快速暴发和高度不确定的特征，护理单元平急两用设计的经济性原则就显得尤为重要。

首先，需要在设计护理单元时平衡日常运营能力与应急保障能力。传染性疾病的突发性和不确定性使得大量常态化的传染病防控资源的维持并不现实。因此，护理单元的设计应该充分考虑应急保障能力，以应对传染病突发事件的发生。同时，还应兼顾日常运营的需求，保证护理单元的正常运转和服务质量，以满足患者的需求和期望。

其次，经济性原则旨在节约建设和运营成本。尤其是在当前医疗环境下，医疗机构的运营成本是一个十分敏感的问题。因此，护理单元的设计应该充分考虑成本控制，合理安排空间和资源，并尽可能减少浪费，以达到经济合理的目的。

最后，经济性原则还包括了建筑运营的可持续性和灵活性。随着医疗技术的快速发展，护理单元需要具备一定的灵活性，以应对日益复杂的医疗需求。同时，在保证运营效率的前提下，护理单元的可持续性也是设计要考虑的重要因素之一。通过选用高效的能源管理系统、采用环保材料等手段，可以降低能源消耗和环境污染，从而实现可持续发展的目标。

护理单元的平急两用设计原则应充分考虑经济性、可持续性、灵活性和应急保障能力等因素，以实现医疗机构的高效运营和传染病防控工作的顺利开展。

4. 人性化原则

护理单元的设计应该充分考虑人性化原则，给予患者人性化关怀。这个原则的内涵包括两个方面：一方面，护理单元的设计应该充分考虑患者的需求和舒适度，为患者提供良好的住院环境和医疗服务。另一方面，护理单元的工作人员应该给予患者尊重和关怀，提高患者的满意度和治疗效果。

为了实现护理单元的人性化原则，设计应该从以下几个方面进行考虑：

首先，护理单元的空间布局应该人性化，以满足患者的舒适度等需求。在护理单元的设计中，应该充分考虑患者的住院需求，包括空间的大小、家属陪护区的设置、洗手间和卫生间的位置等方面。此外，还应该注重护理单元的环境卫生和安全保障，为患者提供一个安全、卫生、舒适的住院环境。

其次，护理单元的医疗服务应该人性化，以提高患者的满意度和治疗效果。在医疗服务中，应该注重患者的需求和感受，尽可能满足患者的个性化需求。例如，在医疗服务中，可以采用人性化的沟通方式和语言，让患者感受到医护人员的尊重和关怀，从而提高患者的满意度和治疗效果。

最后，护理单元的工作人员应该注重患者的心理健康和情感需求，给予患者关爱和支持。在医疗服务中，医护人员应该采用温馨、关爱的态度，尊重患者的意愿和选择，给予患者精神上的支持和关怀。通过医护人员的努力，可以让患者感受到家庭一样的温暖和关怀，从而提高治疗效果和患者的满意度。

人性化原则是护理单元设计中重要的一部分，要求护理单元在医疗服务中给予患者关爱和支持。在护理单元的设计中，应该注重空间布局和医疗服务的人性化，为患者提供安全、卫生、舒适的住院环境和医疗服务。同时，医护人员应该注重患者的心理健康和情感需求，给予患者精神上的支持和关怀，从而提高治疗效果和患者的满意度。

4.2 总体规划平急两用设计

4.2.1 院区选址

综合医院作为常态化医疗资源，其选址原则是方便服务周边社区，因此对交通便利性的要求较高。通常情况下，医院应该邻近城市道路，并适当靠近城市人员密集区，以确保居民能够就近获得医疗服务。然而，需要注意的是，由于医院本身对人流和车流的吸引力较大，应该避免选址在繁忙的交通枢纽地带，以免对城市交通产生负面影响。

另外，在急时，院区作为传染性疾病的救治基地，防止院内感染、减少对基地周边和城市的影响是院区运行的首要原则。在这种情况下，应适当避开城市人员密集区，或者选择拥有良好绿化隔离的场地，以减小对周边社区的传播风险。

所以，选址的关键在于合理权衡效率和安全的需求。不仅应确保医院交通便利，还需要适度远离人员密集区，可以选择与周边用地具有一定绿化间隔的场地。这样一来，医院能够在日常运行中保持高效性，同时在急时运行中确保安全性。因此，选址应当是一个平衡急时和日常需求的综合过程。

4.2.2　院区流线设计

综合医院的日常运营涉及复杂的人流和物流组织，其中工作人员的流线包括医护人员、后勤办公人员以及院内生活服务人员流线。患者流线则分为门诊、急诊和住院流线，而物品流线则涵盖了洁净物资和污物等不同类别。

在日常的流线组织中，需要考虑到流线的分离和管理的需求，以确保在急时能够有效地实施医患分流和洁污分流。急时，院区需要提供专用的患者出入口，与医务人员的通道相互分离，同时要保证洁净物资的进入和污物回收的流线也相互分离，并配备相应的独立出入口。

为了方便院区管理，在急时可以关闭次要的院区出入口，仅保留基本的患者、医护、洁净物资和污物的出入口。这样的临时流线组织可以更有效地控制院区内的人流和物流，提高对紧急情况的响应能力。

此外，在制定流线组织方案时，还需充分考虑医疗服务的高效性。设计合理的流线组织不仅能够在正常情况下提高工作效率，更能够在紧急情况下确保医疗资源的合理分配和患者及时得到救治。

4.2.3　住院部规划设计

新建综合医院的总体布局应符合院区感染控制的基本原则，以确保医疗活动安全高效进行。具体来说，应该注意以下几个方面：

（1）院区布局应充分考虑住院部在平急两种状态下的需求和影响

在平时，住院部作为医疗区的重要组成部分，应保证院区内医疗区、服务区、后勤保障区之间联系合理，以确保医疗活动的高效进行，避免延误医疗活动。

在急时，住院部作为院区主要的传染源，从平时的洁净区转变成污染区，这要求院区的布局规划中事先做好洁污分区，并充分考虑住院部的特殊性。

总的来说，应充分考虑住院部在平时和急时的不同需求和影响，做好院区的洁污分区和医患分流。

（2）住院部布置对周边影响最小化

在急时，住院部作为院区内最大的风险来源，应充分考虑其对周边的不利影响，并通过各种手段降低其不利影响，比如：合理控制住院部与周边建筑的距离、将住院部布置于下风向、通过绿化景观等手段与周边隔离。

（3）选择合理的住院部布局形式

住院部的布局形式分为集中式和分散式，前者一般将住院部与门诊医技部门集中布置以提高效率，后者将住院部分解成多个单元分散式布置，更为灵活安全。选择合理的形式或组合，尽可能提高医疗效率、安全性和转换灵活性。

通过以上措施，能够有效控制院内感染的发生和传播，提高医疗服务的质量和效率，为患者提供更加安全、高效的医疗保障。

4.2.4 院区转换方案

突发公共卫生事件的发展虽然迅猛，但大多数时候也不是一蹴而就的。这就对综合医院的平急两用设计提出了新的要求。即可以根据地区传播发展情况动态调整整个院区的转换方式与程度，在不同响应级别分别启动相应的区域，以达到"小疫小转，大疫大转，不疫不转，急时快转"。

以武汉云景山医院为例，该医院通过设计合理的功能流线、住院部布局形式，配合远期弹性设计，完成了灵活的院区分级分区转换，如图4.1～图4.3所示。

图 4.1　云景山医院平时功能布局

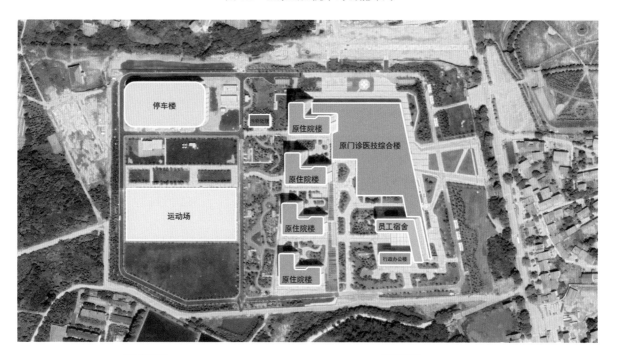

转换的传染病病区　　　　　关闭区

图 4.2　云景山医院急时状态 1 下功能布局

转换的传染病病区   关闭区

图 4.3 云景山医院急时状态 2 下功能布局

灵活的院区转换方案的基础在于：

（1）合理的院区功能流线设计

在急时，随着转换等级的提高，院区内污染区会逐步扩大，但应保证扩大的过程中污染区是集中的，减小对院区内清洁区的影响，其基础在于合理的院区功能流线规划。

（2）合理的住院部布局形式

合理选择住院部的构成形式，分散式的布局对于院区的转换更具有灵活性和安全性，也可以选择集中和分散相结合的形式，部分住院楼与医疗区集中布置，利于平时医疗流程的高效运行。

（3）高效的医疗资源整合

院区的转换方案一般会联合使用院区内的多种资源，比如部分景观绿地、停车场、停车楼、预留发展用地等，高效的资源整合有利于提高转换方案的灵活性和上限。

4.2.5　远期规划

新建综合医院在规划布局上的平急两用设计应当注重院区的长远规划，考虑到院区发展和未来可能暴发的公共卫生事件，预留一定的发展建设空间，进行针对性的预防。具体来说，应该注重以下两个方面：

（1）预留发展空间

考虑到院区发展，未来可能进行医疗设施新建和扩建，在新建综合医院的规划布局上，应该考虑到院区未来的发展需求，预留一定的建设空间，为未来可能进行的医疗设施新建和扩建留出足够的空间和条件。常见的做法包括：预留发展用地、景观绿地、停车场等。

（2）预留基础建设

合理关切未来可能暴发的公共卫生事件，预留一定的基础建设，进行针对性的预防。例如，在预留发展空间预先进行水电暖等基础设计，并预留相关接口，以便于未来迅速转换。

新建综合医院在规划布局上的平急两用设计应当注重院区的长远规划，为未来的医疗设施新建和扩建留出足够的空间、资源和条件。

4.3　护理单元平面平急两用设计

4.3.1　护理单元功能的平急两用设计策略

1. 平时功能布局

护理单元的功能布局在平时主要分为医护区、护理区、患者区和辅助功能区，以满足平时医疗服务的需要。平时功能如表 4.1 所示。

综合医院护理单元平时功能表

表 4.1

分区	功能	房间
医护区	医生办公	更衣室、示教室、会议室、办公室、主任办、护士办、值班室、卫生间等
护理区	护士工作	备餐间、护士站、库房、被服间、治疗室、处置室、污物暂存、污洗间等
患者区	病人休养	病房、卫生间、阳台等
辅助功能区	其他辅助	疏散楼梯、患者电梯、医护电梯、污梯、设备机房、强弱电井、给水排水管井、排风管井等

从使用者的角度对功能布局进行分类有助于深入理解平时和急时的功能联系，平时标准护理单元功能布局如图 4.4 所示。

医护区的功能房间涵盖更衣室、卫生间、值班室、办公室、会议室等，这个区域的主要使用对象是医护人员。在平时，医护区是医生、护士等专业人员进行工作、学习和协作的主要区域。

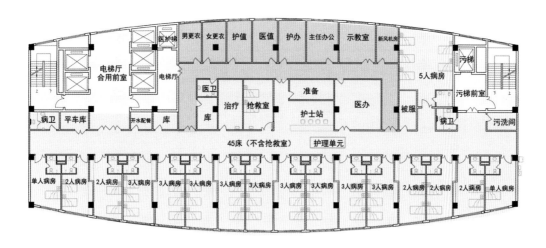

患者区　　　护理区　　　医护区　　　辅助功能区

图 4.4　平时标准护理单元功能布局示例

护理区是护理治疗工作的主要场所，以护士站为核心，功能用房包括治疗室、配换药室、检查室、库房、污洗间、配餐间等。这个区域的使用对象涵盖医护人员和患者。在平时，护理区是医疗护理工作的中心，同时也是患者接受治疗和护理的关键区域。

患者区主要由病房构成，有条件的话还包括阳光房、休闲娱乐室等。这是患者休养的主要区域，同时也进行一部分医疗工作。主要的使用对象是患者，为他们提供一个安心、舒适的环境，促进康复。在平时，患者区是医院为患者提供医疗服务和关怀的核心区域。

辅助功能区包括楼梯、电梯、管井、设备间等辅助性用房，主要用于交通、机电设备等方面的支持。这个区域在平时和急时都具有重要的功能，确保了护理单元的正常运行。

2. 急时功能布局

急时，为了有效控制传染病的传播，根据《传染病医院建筑设计规范》的要求，需要将护理单元的功能布局转换成"三区两通道"布局，从而适应不同的感染控制需求。具体来说，呼吸道传染病护理单元在急时需要分为清洁区、半污染区和污染区，以达到有效隔离和控制传染病的目的。

各区对应功能房间如表 4.2 所示。

综合医院护理单元急时功能表 表 4.2

分区	功能	房间
清洁区	医生办公	备餐间、医护梯、更衣室、会议室、办公室、值班室、卫生间等
半污染区	护士工作	护士站、库房、治疗室、缓冲间等
污染区	病人休养	病房、患者走廊、患者活动区、患者电梯、污物暂存间、污洗间、污梯等
卫生通过	医护人员卫生通过	穿脱防护服、缓冲区、淋浴间等

标准呼吸道传染病护理单元功能布局如图 4.5 所示。清洁区是医护人员到达护理单元的区域，仅供医护人员使用，主要是医护办公区；医护走廊布置在清洁区内，供医护人员专用；半污染区是指护理单元中医护人员进行部分护理工作的区域，主要包括护理走廊和一些功能用房。在这个区域内，不允许患者进入；污染区是指护理单元中主要由患者使用的区域，医护人员可以进入；患者走廊，布置在污染区，主要用于患者的出入院和污物收集等功用，以实现医患分流、洁污分流。

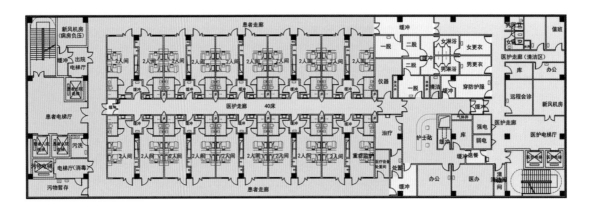

| 污染区 | 半污染区 | 清洁区 | 卫生通过 |

图 4.5 急时标准呼吸道传染病护理单元功能布局示例

现代医院护理单元平急两用建筑空间设计

医护人员跨越不同等级风险区时,需借助缓冲/卫生通过等空间,以防止空气对流造成的病毒跨区传播。

图 4.6 是《医疗机构内新型冠状病毒感染预防与控制技术指南（第三版）》中的两种卫生通过模式的示意。

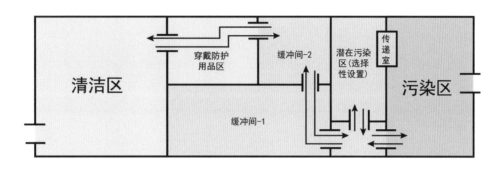

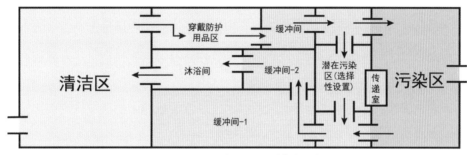

图 4.6　两种卫生通过模式示意

3. 平时、急时功能差异与联系

1）功能联系

医护区与清洁区：从空间使用者的角度考虑，医护区和清洁区服务对象主要为医护人员。无论是平时的医护区还是急时的清洁区，都用以满足医护人员的办公、教学、值班等需求。在功能构成上，两者都包含办公室、会议室、值班室、示教室、更衣间、卫生间等功能用房。

患者区与污染区：这两个区域的服务对象主要是患者。平时的患者区是患者休养和治疗的空间，而急时的污染区不仅服务于患者，同时还负责处理患者治疗过程中产生的污物。在功能上，两者都是患者休养的区域，构成上都包含主要的病房功能。

护理区与半污染区：护理区主要为护士工作提供场所，而半污染区则是医护人员进行不接触患者的医疗工作的主要区域。从功能上看，这两个区域都服务于日常护理工作，如巡视、备餐、治疗准备等。在空间构成上，它们都包含备餐间、护士站、准备室等功能空间。

从功能的联系性这一角度考虑，医护区与清洁区、患者区与污染区、护理区与半污染区之间存在转换的可能性与便利性，这为平急转换设计提供了一个较好的切入点。

2）功能差异

（1）横向与竖向交通

为了保证分区隔离，清洁区和污染区都设计了专供相应人员使用的竖向和横向交通空间。清洁区内，医护人员可通过专用电梯抵达护理单元，并通过医护通道到达各功能用房；而污染区则设有患者专用电梯及患者走廊。在平时，护理单元内的医护电梯和患者电梯没有强制区分，横向交通上，一般情况下医护和患者会共用护理走廊。

（2）缓冲及卫生通过

在急时情况下，穿行不同风险等级的区域需要经过缓冲/卫生通过。这些区域并不是平时护理单元的常规构成，因此成为平急两用设计的关键要点。设计时需要考虑缓冲/卫生通过的布局，以确保具有在急时转换的可行性。

4. 护理单元功能的平急两用设计策略

1）重视平时、急时功能联系

通过仔细对比可以发现，平时的功能分区与急时的清洁区、半污染区、污染区存在着密切的对应关系。

首先，医护区在转换后主要位于清洁区内。这是因为医生办公区和医护走廊在平时主要为医护人员工作和行动服务。而在急时，清洁区则成为医护人员办公和休息的区域。由于二者的功能性质相同，因此它们更易于进行高效地转换。

至于病房、患者电梯和污梯，它们在平时和急时都是患者接触较多的区域，因而被转换至污染区。这有利于控制病原体的传播，能有效防止区内的交叉感染。

根据项目实际情况，半污染区的转换可能有所不同。将护理走廊转换至半污染区是值得提倡的做法。急时，许多不用直接接触患者的护理工作都可在半污染区内完成，如观察病人、准备物资等。因此，将护理走廊设置在半污染区内能方便护士进行护理工作。但也有些护理单元将护理走廊转换至污染区，但在污染区内长时间工作可能面临较高的风险性和劳累度。

2）平时的功能分区应明确且集中

平时和急时的功能联系紧密，因此平时护理单元的分区越明确集中，转换后的清洁区、污染区、半污染区越独立明确，越符合各区相互分隔的要求。明确集中的护理单元有助于在急时更为方便快捷地转换，确保医护人员能够顺畅地进行工作。

3）护理单元平时应设置分离的医患专用电梯

为了满足急时清洁区和污染区独立的竖向交通需求，平时可设置医患专用电梯，方便急时病区的转换。这种设置既有利于医患分流，又能改善平时护理单元的空间质量。

4）预留患者通道转换空间

考虑到患者通道是急时独有的功能空间，需要对平时功能进行转换，设计时应预留患者走廊的转换空间。为此，可以在病房内减少部分病床并打通相邻病房，或在病房预留阳台、阳光房等空间，以方便急时转换出患者走廊。

5）预留缓冲/卫生通过转换空间

平时护理单元不设置缓冲/卫生通过，因此为保证急时转换后的护理单元正常运行，需要转换出这些区域。在设计时应预留缓冲区/卫生通过的转换空间，以确保急时转换顺利进行。

4.3.2 护理单元流线的平急两用设计策略

1. 平时的流线组织

在护理单元中，应当尽量避免医护流线、患者流线、洁净流线和污物流线交叉，以避免交叉感染，保障医护人员和患者的生命健康安全。

具体来说，在医护、患者和物资、污物的垂直交通方面，需要根据不同的功能区域设置不同的电梯和楼梯。医护人员和患者的电梯和楼梯应当分开设置，从而实现医患分流的目的。同时，为了保证医疗服务的高效性，应当设置足够数量的电梯和楼梯，并合理安排它们的位置和布局，避免拥堵和延误。

在平面上的流线组织方面，需要根据医疗服务的需要，规划和布局医护流线、患者流线。医护流线主要考虑医生和护士办公、巡视、查房等工作，应当尽量与患者流线分开设置。平时标准护理单元医患流线如图 4.7 所示。

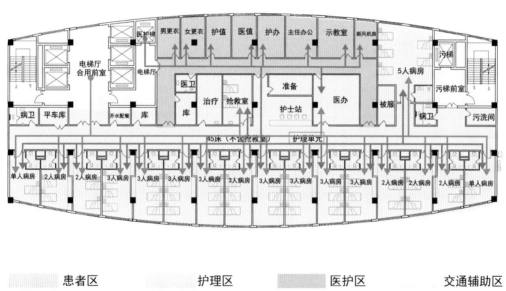

图 4.7 平时标准护理单元医患流线示例

医护经由专用电梯抵达护理单元后，通过医护走廊到达办公区。患者从患者梯到达护理单元后，可以经过护理走廊抵达病房。医护流线和患者流线在护理区产生联系。护士站是护理区核心区域，也是医护人员和患者交流的重要场所。在护士站处，医护流线和患者流线产生联结，护士可以及时掌握患者的情况，并向医生反馈相关信息。同时，护士站还可以进行医疗器械和物资的管理，保证护理单元的正常运转。平时标准护理单元洁污流线如图 4.8 所示。

洁净流线是运输和管理洁净物资和器械的主要通道，其规划和布局应当与污物流线分开设置，以避免污染和交叉感染。洁净物资经由专用梯到达护理单元后，通过医护走廊到达物资库。污物流线是管理和处理污物的主要通道，污物从病房收集后，通过护理走廊运至污洗、暂存间，收集处理之后，由污梯送出护理单元。

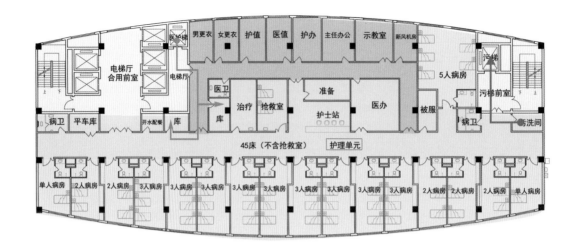

| 患者区 | 护理区 | 医护区 | 交通辅助区 |

———— 清洁物资流线　　————— 污物流线

图 4.8　平时标准护理单元洁污流线示例

2. 急时的流线组织

呼吸道传染病护理单元的流线组织必须严格遵循"医患分流、洁污分流"的原则,不允许出现任何交叉。这是因为不同的流线必须在其风险等级区域内进行,以防止跨风险区域的交叉感染。急时标准呼吸道传染病护理单元医患流线如图 4.9 所示。

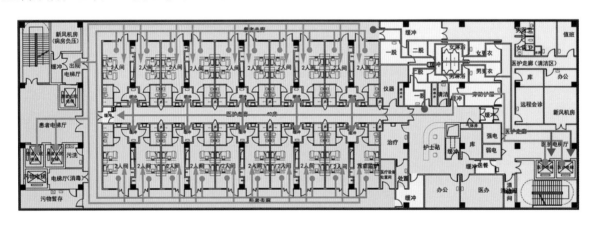

| 污染区 | 半污染区 | 清洁区 | 卫生通过 |

———— 患者入院流线　　　　　　　　　　————— 医护进入流线

———— 患者出院流线　　　　　　　　　　————— 医护离开流线

图 4.9　急时标准呼吸道传染病护理单元医患流线图

急时,医护流线和患者流线应该严格区分并独立运作。患者经由专用梯到达护理单元后,通过病房外侧的患者走廊进入病房,治疗期间尽量避免离开病房。这样设计的主要目的是避免患者通过空气、液体、接触等方式向其他风险区域传播病原体,从而降低交叉感染的风险;医护人员通过医护梯到达护理单元，在医护走廊内活动，进行护理工作时从缓冲区进入护理走廊（半污染区），根据工作要求决定是否进入病房进行护理工作，如需进入则通过病房前缓冲间后进入病房。

洁净物资和污物的流线和人流类似，在遵循洁污分流的原则下，洁净物资通过专用货梯或医护电梯送达护理单元后存储在物资库，由专人收集并记录。餐品经缓冲间进入半污染区，再送至护士站，然后通过病房传递窗进入病房。

污物则从病房外侧收集完成后，通过患者走廊运送至污物暂存间，收集处理后经污梯运出护理单元。急时标准呼吸道传染病护理单元洁污流线如图 4.10 所示。

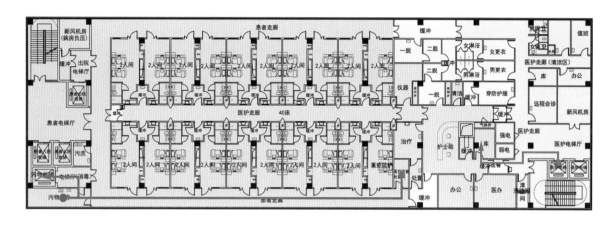

▨ 污染区	▨ 半污染区	▨ 清洁区	卫生通过

—— 洁净物品流线 —— 污物流线

图 4.10　急时标准呼吸道传染病护理单元洁污流线示例

3. 护理单元流线的平急两用设计策略

1）平时流线组织应尽量保证医患分流、洁污分流

急时护理单元严格的医患分流、洁污分流要求使得医护人员流线和患者流线、洁净物资流线和污物流线必须保证彼此独立。而这些流线的实现离不开独立专用的医护电梯、患者电梯、污物电梯、洁净电梯等竖向交通空间以及医护走廊、护理走廊等水平交通空间。因此在平时就通过这些交通空间实现医患分流、洁污分流是一种更具性价比的方式。这种设计也能减小急时流线转换的工作量，方便流线转换，同时降低医护人员的转换学习成本。

2）平面布局宜选择具有双廊（医护走廊、护理走廊）的形式

通过对比不难发现，急时医患分流的要求使得医护人员需要具有独立的医护走廊。因此不宜选择单廊式（仅具有护理走廊）布局形式。

3）在流线的平急转换过程中，一般通过流线控制的方法进行

具体来说，通过对于交通节点、功能用房的封闭、控制，来完成流线上的线性控制，避免流线混乱，实现急时严格的流线分离。值得一提的是，这种严格的流线控制在发生消防事件时会被取消，因而并不会导致疏散问题。

4.4 护理单元机电专业的平急两用设计

4.4.1 护理单元通风系统的平急两用设计策略

通风系统是保证呼吸道传染病护理单元正常运行的最重要的机电系统，也是预防和控制感染的关键系统。在急时，负压病房是隔离病人的重要场所，通风系统起到了保障医护人员健康、预防交叉感染的重要作用。平急两用的通风系统不仅需要满足平时医疗工作的需求，还需要具备在急时能够快速将普通病区转换为负压病区的能力。

1. 新风系统要求

国家相关规范对综合医院平时和急时护理单元的新风换气次数、过滤器的设置、新风口位置等提出了具体的设计要求，如表4.3所示。

平时、急时护理单元新风系统设计要求   表 4.3

工况	综合医院护理单元	
	平时	急时
新风最小换气次数	2 次/h	清洁区：3 次/h
		污染区、半污染区：6 次/h 或 60 升/（s·床），取两者中较大者
过滤器设置	粗效 + 中效	清洁区：粗效 + 中效
		污染区、半污染区：粗效 + 中效 + 亚高效
新风口位置	—	双人间病房：医护人员入口附近顶部 单人间病房：床尾的顶部

2. 排风系统要求

同样，国家相关规范对综合医院平时和急时排风系统的排风量、过滤器的设置、排风口的位置等提出了具体的设计要求，如表4.4所示。

平时、急时护理单元排风系统设计要求   表 4.4

工况	综合医院护理单元	
	平时	急时
排风量	卫生间：5~10 次/h	控制各区域空气压力梯度：负压病房与其相邻相通的缓冲间、缓冲间与医护走廊宜保持不小于 5Pa 的压力梯度
过滤器设置	—	污染区应设置：粗效 + 中效 + 高效空气过滤器
排风口位置	—	双人间病房：与送风口相对的远侧病床床头下部 单人间病房：与送风口相对的病床床头下部

3. 气流组织

平时的护理单元一般仅分为医护区和病房区，气流的流动方向为从医护区到病房区，保证医护人员的工作区域处于相对正压的状态。急时，护理单元通过建筑转换，形成清洁区、半污染区、污染区。此时气流的流动方向应为清洁区→半污染区→污染区，各区之间的压力梯度需满足呼吸道传染病护理单元的使用要求，病房和与其相邻、相通的缓冲间、走廊应保持不小于5Pa（压强单位）的负压差。

4. 平急两用设计策略

在护理单元中的排风系统设计中，为了预防交叉感染，排风系统应在清洁区、半污染区和污染区分别设置。平时新风系统为一个整体，急时结合建筑专业的分区将新风系统划分为清洁区新风系统、半污染区新风系统、污染区新风系统。

新风系统的新风管道、定风量阀按照急时使用工况设计，新风机组按照平时使用新风量配置，新风机房内预留急时需增加的新风机组安装位置。新风机组配置粗效＋中效过滤器，预留亚高效过滤器安装空间。

排风管道按照急时工况设计，平时仅在卫生间设置排风口，在病床头部吊顶内预留下风口接口。排风机设置于屋面，每层排风通过竖井接至屋面高空排放。

4.4.2 给水排水系统的平急两用设计策略

传染病医院给水排水系统极其注重用水的安全性，为防止给水排水系统回流对其他非传染病治疗区域造成的污染，在传染病医院的设计中采取以下措施：

（1）污染区、半污染区、清洁区的给水主管全部采用倒流防止器分隔，各层设置横向主管分别为污染区、半污染区、清洁区供水，防止污染回流。

为保证急时迅速及安全地投入使用，所有管线及倒流防止器、控制阀门等均按分区一次性安装到位。

（2）污染区、半污染区、清洁区3个区域的热水主管相互之间用倒流防止器分隔，各分区自成循环系统，各系统回水管末端分别设置消毒器，防止病原体跨区域流动。与给水系统相同，热水系统管线及倒流防止器、消毒装置等均按分区一次性安装到位。

（3）污染区、半污染区、清洁区3个区域的排水系统相互独立，互不相连，防止病原体经排水系统跨区传播；污染区、半污染区通气管分别汇合至屋面，经空气消毒装置处理后高空排放；污染区及半污染区的污水排出室外后，在室外进行小范围汇集，然后进入预消毒池消毒，消毒后再与清洁区污水混合进入室外主污水管道。

（4）室内管线按分区一次性安装到位，室外预消毒池预留设备安装空间，急时安装；屋顶空气消毒装置平时可不设置，急时安装。

4.4.3 护理单元电气系统平急两用设计策略

1. 配电系统设计要点

1）电源

根据护理单元的用电负荷等级，本工程电源可按以下条件设置：

（1）平时护理单元，市政电网提供双路电源；

（2）呼吸性传染病护理单元，市政电网提供双路电源，还应自备应急电源；

（3）对于护理单元，要求恢复供电时间要在0.5s以下的要配置UPS（不间断电源）。

2）配电系统

传染病护理单元用电设备多，根据建筑平时与急时不同功能，合理划分配线系统，保证配电系统可靠、高效地运行。配电系统划分应遵循以下原则：

（1）护理单元电热水器、护理单元通风与空调系统设备采用专线供电；

（2）作为呼吸道传染病区使用时（急时），不同清洁等级的区域用电设备应分开供电；

（3）配电设备应设置在急时作为呼吸道传染病区的清洁区域。

2. 压差监控系统要点

平时作为普通病区使用时，此系统不需要设置，结合平时图纸，预留该系统相关管线。

（1）负压隔离病房与其相邻相通的缓冲间、缓冲间与医护走廊应设计不小于 5Pa 的负压差。病房门口及护士站宜安装可视化压差显示装置。

（2）根据压差信号调整变频送排风机风量，维持三区（清洁区、半污染区、污染区）压差梯度。

4.5 护理单元室内装饰材料

医疗空间设计是一项复杂而细致的工作，它不仅要求满足医疗功能和流线的合理性，还应充分考虑内部装修的艺术性，以满足医患双方的心理需求。精心设计的空间布局、色彩搭配、照明效果和材料选择，能够营造出一个既健康舒适又美观集约，既富有人文关怀又绿色环保的医疗环境。

综合医院在平时作为提供全面医疗服务的空间，其室内装饰设计应重点思考如何打造一个"去医疗化"的人性化空间，以减轻患者的心理负担，营造一个温馨、舒适的氛围。而在急时，医院的装饰设计则更加注重安全卫生、易于识别和便于维护等特性，以确保在急时能够迅速有效地应对各种突发状况。图 4.11 为医院大厅材料示例。

综合医院室内装饰材料的选择需要在平急两用之间找到平衡点，既要满足日常医疗服务的需要，又能够适应急时的特殊要求。这要求我们在设计时，不仅要考虑到材料的美观性和舒适度，还要充分考虑其耐用性、易清洁性和安全性，以确保医院在任何时候都能够为患者提供最佳的医疗环境。

在医疗空间的设计中，无论是在平静的日常还是紧急时刻，医护人员作为这个空间中至关重要且持续存在的使用者，他们的需求和感受应当始终是室内装饰设计的核心考虑点。设计不仅要满足医护人员在专业医疗活动上的功能需求，更应深入挖掘他们的心理和情感需求，致力于打造一个既专业又温馨的工作环境。

室内装饰设计需要细致地考虑医护人员的工作特点和习惯，通过精心规划的空间布局、人性化的设施配置、舒适的色彩、材料搭配以及柔和的照明设计，为医护人员营造一个高效、安全、舒适的工作空间。这样的设计旨在减轻医护人员的工作压力，提升他们的工作效率，同时也能够增强他们的工作满意度和幸福感，从而为患者提供更加优质的医疗服务。图 4.12 为医院电梯厅材料示例。

仿木纹A级医疗板墙面　　　白色/灰橘色金属板墙面　　　白色复合铝板吊顶
木纹/白色金属板吊顶　　　米白色/浅灰色/深灰色无机磨石地面　　　白色人造石台面

图 4.11　医院大厅材料示例

咖色复合镀锌钢板墙面　　　咖色复合铝板吊顶
深咖+浅咖色地砖　　　白色复合铝板吊顶

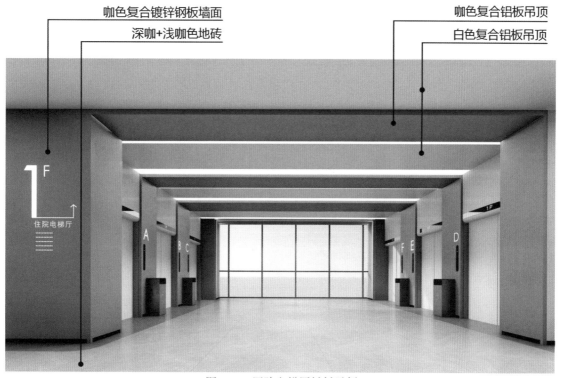

图 4.12　医院电梯厅材料示例

　　患者对于住院单元的装饰设计有着明确的期望，这些期望主要可以归纳为两个方面：一是空间的易达性，二是通过材料和设计手法来安抚患者的情绪。

1）空间易达性

作为短期使用者，患者需要通过清晰的楼宇标识、详尽的分区地图、地面和标牌的指引、电梯内的楼层指示、问询台的设置以及科室的明显标识，迅速而准确地识别并找到所需的各个功能区域。急时，装饰装修的设计应明确区分患者可活动的范围和其他区域，确保患者不会无意中穿越这些区域，从而降低交叉感染的风险。

2）安抚情绪

由于疾病和对陌生环境的不适应，患者可能会产生紧张、焦虑等负面情绪，这些情绪不仅影响病情的恢复，也可能对医患关系产生不利影响。特别是在隔离期间，由于不能与亲友见面，患者的负面情绪可能会更加严重。

因此，室内装饰设计的核心任务是实现高效与便捷，确保患者能够迅速识别并到达他们所需的空间。同时，设计应摒弃过度的医疗风格，转而营造一种轻松愉悦的氛围，创造出一种让患者感到熟悉的环境。通过精心的装饰装修设计，帮助患者缓解紧张情绪，减小负面情绪的影响，这对于病情的恢复和促进医患关系都是至关重要的。图 4.13 为门诊部候诊空间材料示例。

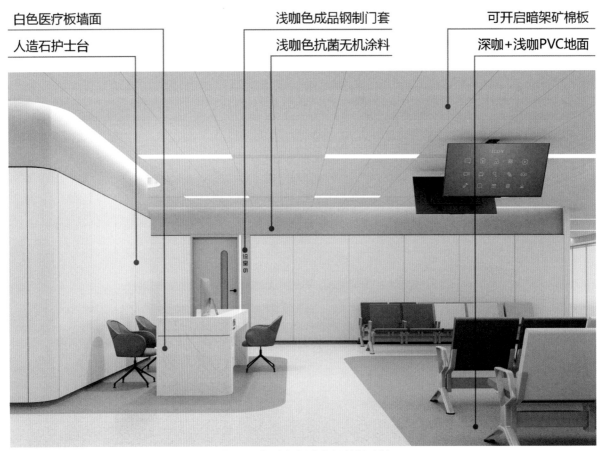

白色医疗板墙面
人造石护士台
浅咖色成品钢制门套
浅咖色抗菌无机涂料
可开启暗架矿棉板
深咖+浅咖PVC地面

图 4.13　门诊部候诊空间材料示例

医院内部空间的装饰设计，涉及多种材料的运用，其中顶棚、内墙和楼地面是构成医院空间的三大核心区域。这三大区域在三维空间中相互连接，形成了一个完整的封闭空间。图 4.14 为门诊部诊室材料示例。

在进行医院内部空间设计时，合理地选择和运用各种材料是至关重要的一步。不同的材料不仅影响着空间的美观度和舒适度，还关系到空间的功能性和安全性。因此，需要根据医院的具体需求和特点，精心挑选和搭配各种材料，以打造出既美观又实用的医疗空间。

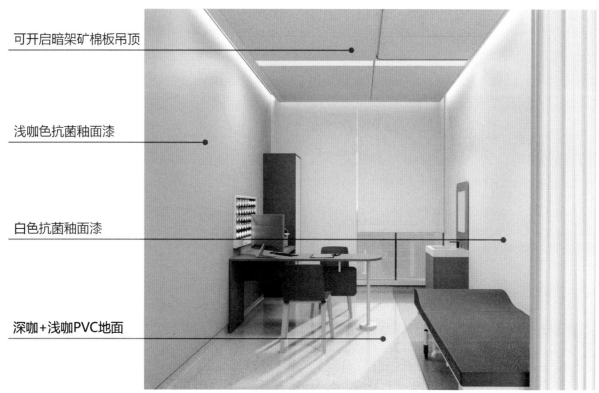

可开启暗架矿棉板吊顶

浅咖色抗菌釉面漆

白色抗菌釉面漆

深咖+浅咖PVC地面

图 4.14　门诊部诊室材料示例

1）顶棚材料

医院的顶棚装饰不仅承担着美化空间的职责，更需满足一系列功能性要求。顶棚材料应具备美观、简洁、耐火、便于检修等特性，以确保医院环境的安全性和实用性。

常见的顶棚装饰材料包括无机涂料、石膏板、硅钙板、金属板以及各种造型板等。

其中，石膏板因其轻质、保温隔热、吸声效果良好以及易于表面装饰等优点，在顶棚装饰中应用最为广泛。经过压花、涂覆或贴膜处理后，石膏板可广泛应用于住院单元的走道、病房、办公区、值班室、卫生间以及公共区域，其应用场景极为广泛。

金属装饰板，如铝扣板、镀锌钢板、格栅板等，在住院单元的顶棚装饰中也颇受欢迎。这些材料不仅装饰效果出众，易于清洁，且拆装方便，因此常被用于卫生间、污物处理间、淋浴间、厨房以及公共空间。特别是电解钢板和不锈钢板，由于其耐腐蚀、耐高温的特性，经常被用于手术室、实验室和洁净区的顶棚装饰。

至于住院单元中的楼梯间、设备间、设备管井等使用频率较低、装饰要求不高的空间，通常会采用无机涂料或防火乳胶漆等成本相对较低的装饰装修材料，以实现经济性与实用性的平衡。

总之，医院顶棚装饰材料的选择应综合考虑美观性、功能性和经济性，以创造出既安全又舒适的医疗环境。图 4.15 为住院部病房材料示例。

深咖+浅咖PVC地面　　　　可开启暗架矿棉板吊顶　　　　浅咖色抗菌釉面漆

白色抗菌釉面漆　　　　　　　　　　　　　　　　　　　　　布纹医疗板

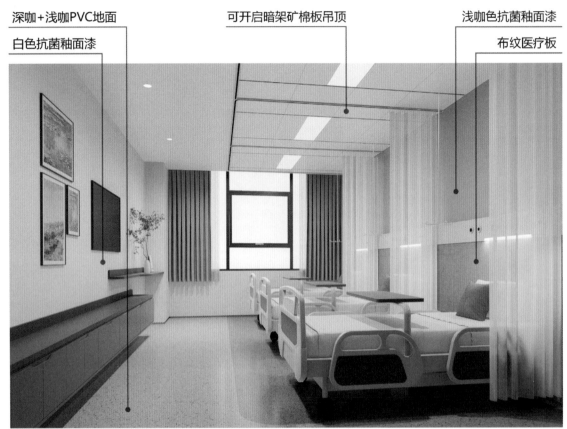

图 4.15　住院部病房材料示例

2）墙面材料

医院的内墙装饰不仅关乎美观，更承载着环保、清洁、耐用和安全等多重功能。内墙材料的选择应兼具环保性、易清洁性、防撞抗冲击性以及美观性等关键特性。

常见的内墙装饰类型包括内墙涂料、内墙面砖、金属板、医疗板等。

其中，内墙涂料因其色彩明快、种类繁多、价格经济、施工便利等优点，成为医院装饰的首选。特别是涂料中添加的抗菌成分，不仅满足了医院的卫生需求，还广泛应用于住院单元的走道、病房、办公室、值班室、卫生间以及公共空间。

内墙面砖，包括釉面砖和瓷质砖，瓷质砖又可细分为抛光砖和玻化砖。抛光砖以其光滑的表面和良好的装饰效果而受到青睐，但清洁维护相对困难。玻化砖则以其耐磨、耐酸碱、易清洁的特性而备受欢迎，但装饰效果略显逊色。釉面砖则以其光滑的表面、易擦洗、耐久性好和出色的装饰效果，成为卫生间、淋浴室等涉水区域的理想选择。

内墙板，包括金属、木质和石材等，以其卓越的装饰效果而成为大堂、候梯厅等公共空间的首选。随着对医院环境品质要求的提升，一些高端医院开始将这些内墙板材料应用于走道和病房，以提升医院的整体档次，为医患创造一个更加美观、温馨的环境。其中，抗菌医疗板因其卫生安全的特性而得到了广泛的应用。

综上所述，医院内墙装饰材料的选择应综合考量其功能性和美观性，以打造一个既安全又舒适的医疗环境。图 4.16 为住院部医护走廊材料示例。

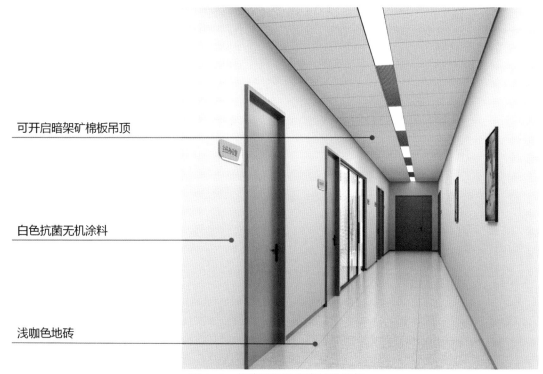

可开启暗架矿棉板吊顶

白色抗菌无机涂料

浅咖色地砖

图 4.16　住院部医护走廊材料示例

3）地面材料

楼地面是医院装饰装修中不可或缺的一部分，它不仅承载着医院的日常运营，还直接影响着医患的安全性和舒适度。因此，医院地面材料的选择应具备美观、耐磨、防滑等性能，以满足医院环境的特殊需求。

医院地面装饰类型多样，包括天然石材（如花岗岩和大理石），各种人造石材以及软质材料（如 PVC 卷材和橡胶块材）等，每一种材料都有其独特的优势和适用场景。

天然石材，如花岗岩和大理石，以其光泽柔润、质地均匀、强度高、耐久度好和装饰效果极佳而备受青睐。这些石材的自然美感和高贵气质，非常适合用于大厅、电梯厅等公共空间，以提升医院的整体形象。然而，由于其造价较高，一般不会在所有区域广泛使用。

各种人造石材，以其色彩丰富、耐酸碱、易清理和造价低廉等优点，在医院中也得到了广泛应用，为医院提供了经济实惠且美观的地面解决方案。

软质楼地面材料，包括 PVC 卷材和橡胶块材，因其易于施工、色彩丰富、脚感舒适等特性，在医院中也广为使用。PVC 卷材因施工简便、维护成本低，被广泛运用于住院单元除有水房间的各个区域，为医院提供了一个既实用又美观的地面选择。

橡胶块材作为近些年逐步被使用的软性材料，不仅具备 PVC 卷材的所有性能优势，还拥有天然环保、色块拼接精度高、使用寿命长等优势。尽管其造价相对较高，但在追求高端医疗环境的医院中，橡胶块材被越来越多地应用于高级的病房或相关区域，以提供更加舒适和安全的地面环境。

综上所述，医院地面材料的选择应综合考虑美观性、耐用性、安全性和经济性，以确保医院环境的功能性和舒适性，同时也要满足医院对高端医疗环境的追求。通过精心选择和搭配各种地面材料，可以为医患创造一个既美观又实用的医疗空间。常用装饰材料见表 4.5。

类型	名称	样式	用途
涂料	白色抗菌无机涂料		门诊大厅、住院大厅、候诊厅等公共区域顶面
	浅米黄色抗菌釉面漆		病房、诊室墙面
	灰绿色抗菌釉面漆		病房、诊室墙面
金属板	仿木纹镀锌钢板		大厅及医疗街等公共区域顶面及墙面

类型	名称	样式	用途
金属板	白色铝扣板		卫生间、更衣室、浴室等的顶面
	仿磨石镀锌钢板		公共区域柱子外包面
	仿木纹铝格栅		部分立面、顶面造型使用
医疗板	仿木纹 A 级抗菌医疗板		大厅、医疗街、电梯厅、医护走廊等公共区域墙面
	白色 A 级抗菌医疗板		大厅、候诊区、手术等待区等公共区域墙面

类型	名称	样式	用途
医疗板	仿大理石 A 级抗菌医疗板		电梯厅墙面
PVC 地胶	米白色 PVC 地胶		医疗街、大厅、走廊等公共区域地面
	浅蓝灰色 PVC 地胶		病房地面
瓷砖	浅咖色仿磨石瓷砖		医疗街、患者走廊、住院大厅地面
	仿木纹瓷砖		咖啡厅、餐厅区域地面

类型	名称	样式	用途
吊顶材料	白色矿棉板		医护走廊、候诊区、诊室等区域顶面
	藻钙高晶板		病房顶面
抗倍特板	仿木纹抗倍特板		卫生间挡板、门等
造型板	软膜天花板		住院大厅顶面

综合医院护理单元平急两用重点空间详图设计

普通护理单元与呼吸道传染病护理单元在平面布局上存在显著差异，这些差异主要体现在病房、卫生通过以及患者走廊等关键区域。这些重点空间的转换设计，是实现综合医院护理单元平时和急时双重功能的基础。本章将从病房、卫生通过、患者走廊、护士站等多个维度，详细列举并分析其设计细节。

5.1 病房平急两用设计详图

在综合医院护理单元的平急两用设计中，病房无疑是设计的核心环节。在急时，病房的设计必须能够迅速实现医护人员和病人流线分离，以降低交叉感染的风险。为此，医护人员和病人需要通过不同的通道进入病房，确保两者的行动轨迹不发生重叠。

具体来说，医护人员的流线安全至关重要。他们从护理走廊（半污染区）出发，通过一个缓冲区进入病房。这个缓冲区起到了隔离的作用，通过空气梯度压防止病房和护理走廊发生空气交换，避免病毒跨不同风险区传播。同时可帮助医护人员在进入病房前进行必要的清洗和防护。缓冲区的设计需要考虑医护人员的实际工作流程，确保其能够提供充足的保护。

病人的流线同样重要。急时患者通过患者走廊，从病房的另一端进入。患者走廊应易于清洁和消毒，以降低疾病传播的风险。此外，患者走廊的布局还应考虑消防疏散的需求，确保在急时病人可以迅速、安全地撤离。

平时病房的设计往往不需要缓冲间和患者走廊，这就要求设计师在设计时考虑到空间的多功能性和转换灵活性。如何在平时的设计中融入缓冲间和患者走廊，成为病房设计中的关键。

以下是病房平急两用设计的一些常用策略：

1. 预留前室置换空间

相比普通病房，可平急两用的病房需要在进入病房前的位置预留缓冲空间，因此设计时应该预留病房前室，并预留新风口、排风口以实现缓冲间与相邻空间内具有空气梯度压。

2. 预留患者走廊置换空间

由于急时病房外侧需要与患者走廊相连，因此平时需要在病房外侧预留部分空间，以便在急时转换成患者走廊。这个预留的空间可以结合阳台、阳光房、休息区、病床等设计。

图5.1～图5.3是几种病房详图。

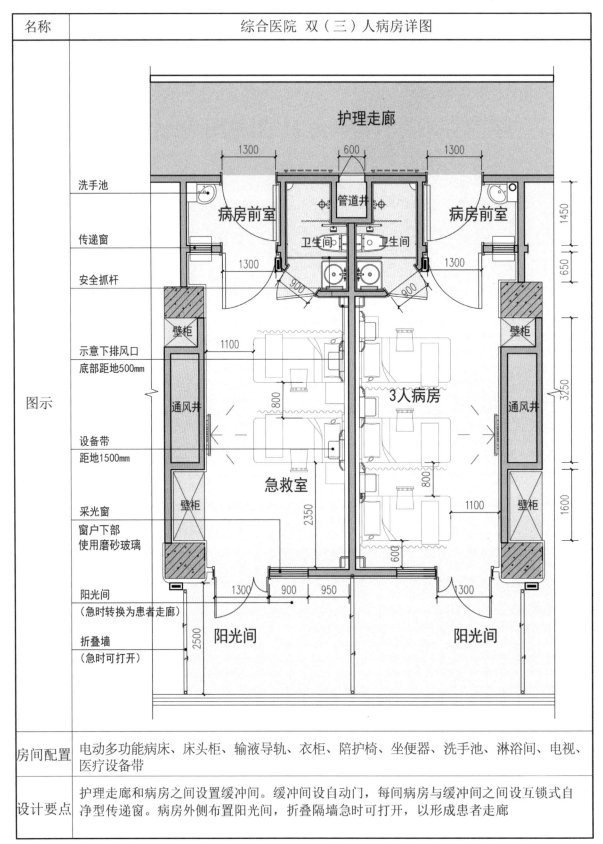

名称	综合医院 双（三）人病房详图
图示	
房间配置	电动多功能病床、床头柜、输液导轨、衣柜、陪护椅、坐便器、洗手池、淋浴间、电视、医疗设备带
设计要点	护理走廊和病房之间设置缓冲间。缓冲间设自动门，每间病房与缓冲间之间设互锁式自净型传递窗。病房外侧布置阳光间，折叠隔墙急时可打开，以形成患者走廊

图5.1 双（三）人病房详图

名称	综合医院 五人病房详图
图示	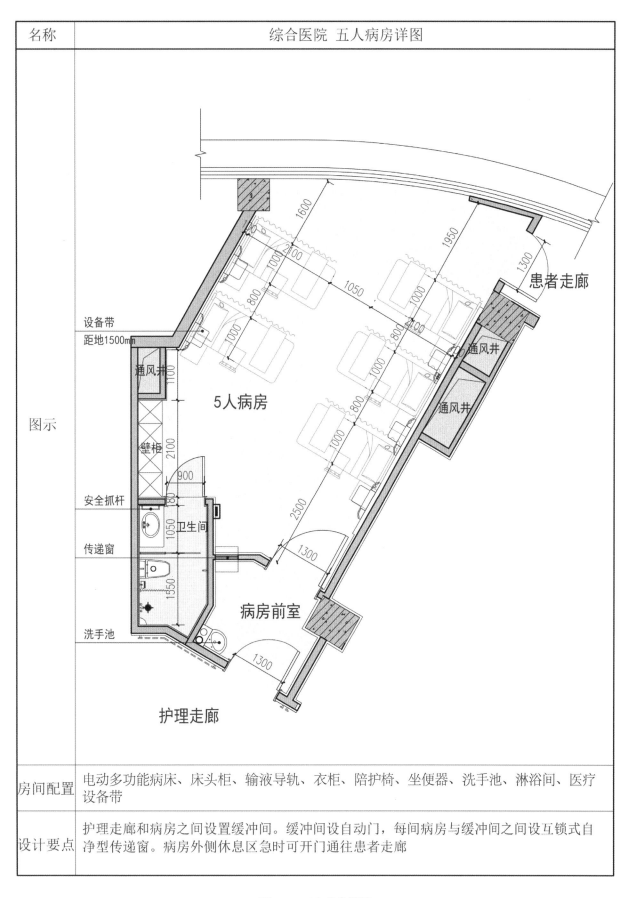
房间配置	电动多功能病床、床头柜、输液导轨、衣柜、陪护椅、坐便器、洗手池、淋浴间、医疗设备带
设计要点	护理走廊和病房之间设置缓冲间。缓冲间设自动门，每间病房与缓冲间之间设互锁式自净型传递窗。病房外侧休息区急时可开门通往患者走廊

图 5.2　五人病房详图

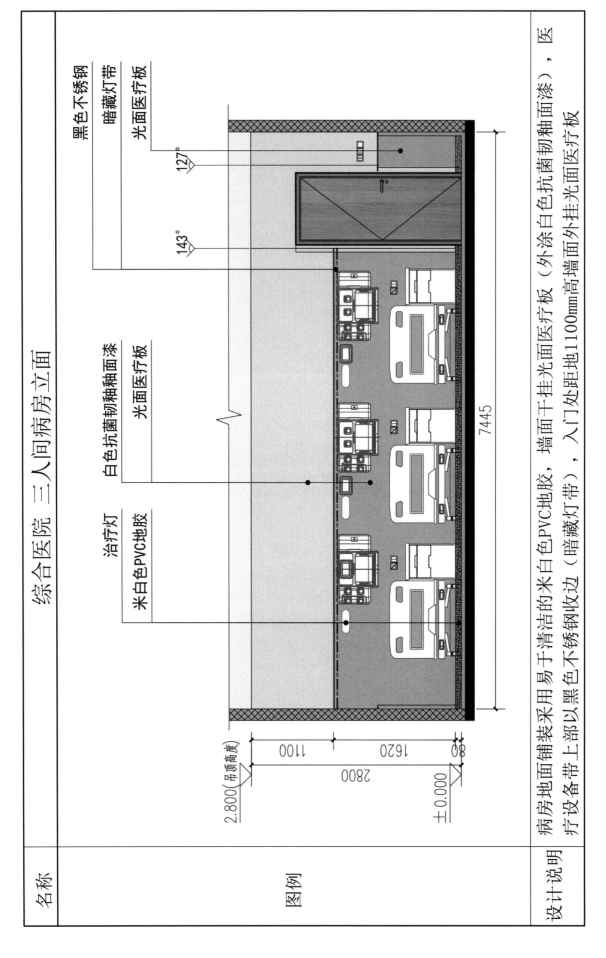

名称	综合医院 三人间病房立面
图例	黑色不锈钢　暗藏灯带　光面医疗板 127°　143° 白色抗菌韧釉面漆　光面医疗板 治疗灯　米白色PVC地胶 2.800（吊顶高度） 1100　1620　2800　80 ±0.000　7445
设计说明	病房地面铺装采用易于清洁的米白色PVC地胶，墙面干挂光面医疗板（外涂白色抗菌韧釉面漆），医疗设备带上部以黑色不锈钢收边（暗藏灯带），入门处距地1100mm高墙面外挂光面医疗板

图 5.3　三人病房立面展开图

5.2 卫生通过平急两用设计详图

卫生通过在综合医院护理单元的平急两用设计中扮演着至关重要的角色，是防止不同风险等级区域交叉传染的关键空间。在急时，护理单元的人流和物流通过不同风险等级的区域时，需要经过缓冲/卫生通过。

急时，卫生通过必须严格布置，以确保其能够有效地隔离传染源。在卫生通过内，配置一定的通风系统，可以创造出由低风险区域向高风险区域的定向气流。这种定向气流的设计至关重要，因为它能够确保空气流动的方向与病原体潜在的传播方向相反，从而有效降低病原体通过空气传播的风险。

此外，卫生通过的设计还应考虑多种其他因素，如空间的布局、材料的选择、清洁和消毒的便利性等。空间布局需要保证符合医护人员的穿脱流程，同时空间应当相对宽敞。材料的选择则应注重耐用性和易清洁性，以保证空间的洁净和维护的便捷性。

在平急两用设计中，卫生通过的多功能性同样重要。在平时，卫生通过应当用作其他用途，如储物间、诊室、办公室、休息室甚至走廊、电梯厅等，以提高空间的使用效率。而在急时，这些功能空间应可以迅速转变为卫生通过。因此，卫生通过的设计不仅需要考虑其在急时的关键作用，还需要兼顾其在常规运营中的实用性和灵活性。

卫生通过平急两用设计的难点主要集中在：一方面功能上应具有可转换的灵活性，能够同时兼顾平时和急时使用需求。另一方面应保证通风系统的冗余设计，以保证急时能够形成合理的空气梯度压。

因而卫生通过的平急两用设计策略主要为以下两点：

1.功能置换

在兼顾急时医护人员的穿脱流程所需空间的同时，满足平时的功能需要，急时通过设置轻质隔墙等技术手段，重新划分空间布局以迅速满足急时的功能需求。同时注意预留急时所需洗手池的水点。

2.预留通风系统扩容条件

医护人员卫生通过时，必须保证卫生通过内的气流由低风险区域流向高风险区域。因此，在设计中需预留好相应的通风口、管井等，配合急时新增新风机、排风机以形成通风系统的分区设置和空气梯度压。

图5.4、图5.5为两种卫生通过的平急两用设计详图。

5.3 患者走廊平急两用设计详图

综合医院的普通护理单元通常采用两通道的布局模式，这种布局主要包括护理走廊和医护走廊，而并不设立专门的患者走廊。这种设计提供了一个高效且易于管理的环境，在常规运营中能够满足基本需求，但难以满足呼吸道传染病的护理要求。

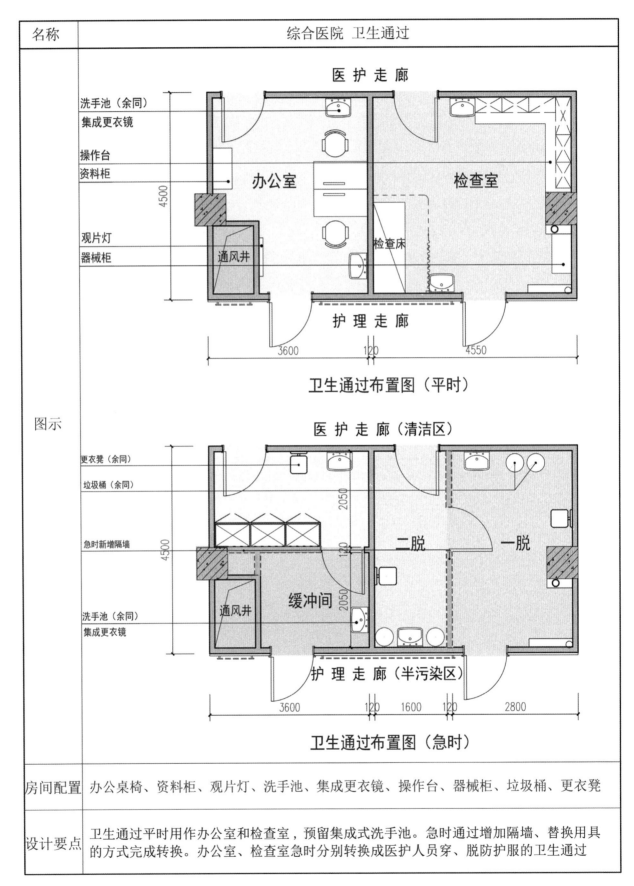

名称	综合医院 卫生通过

图示

医 护 走 廊

洗手池（余同）
集成更衣镜
操作台
资料柜

办公室

检查室

观片灯
器械柜

通风井

检查床

4500

护 理 走 廊

3600　120　4550

卫生通过布置图（平时）

医 护 走 廊（清洁区）

更衣凳（余同）

垃圾桶（余同）

急时新增隔墙

二脱　一脱

4500

2050

洗手池（余同）
集成更衣镜

通风井

缓冲间

2050

护 理 走 廊（半污染区）

3600　120　1600　120　2800

卫生通过布置图（急时）

房间配置	办公桌椅、资料柜、观片灯、洗手池、集成更衣镜、操作台、器械柜、垃圾桶、更衣凳
设计要点	卫生通过平时用作办公室和检查室，预留集成式洗手池。急时通过增加隔墙、替换用具的方式完成转换。办公室、检查室急时分别转换成医护人员穿、脱防护服的卫生通过

图 5.4 卫生通过平急两用设计详图一

名称	综合医院　卫生通过
图示	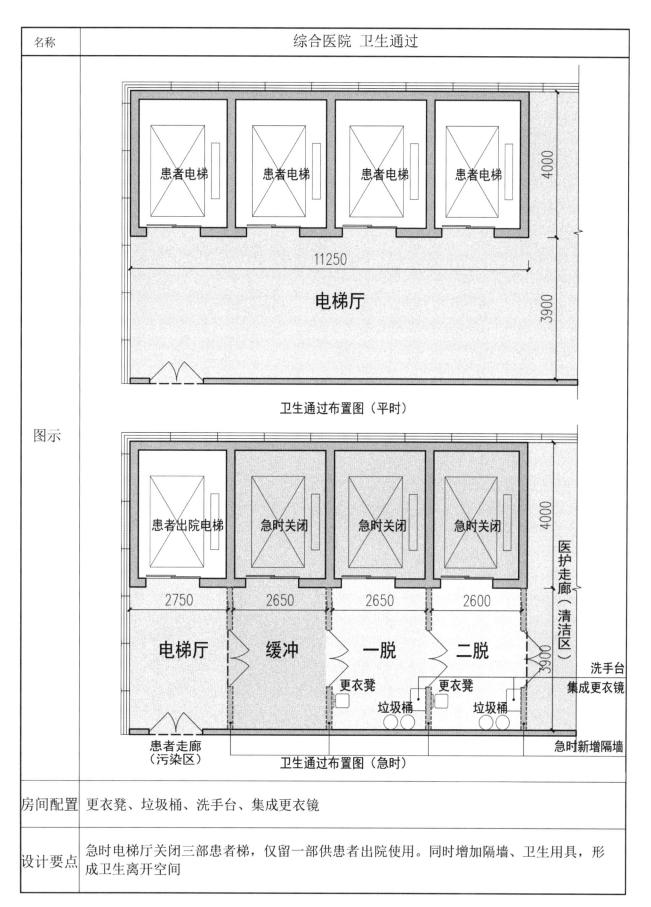 卫生通过布置图（平时） 卫生通过布置图（急时）
房间配置	更衣凳、垃圾桶、洗手台、集成更衣镜
设计要点	急时电梯厅关闭三部患者梯，仅留一部供患者出院使用。同时增加隔墙、卫生用具，形成卫生离开空间

图 5.5　卫生通过平急两用设计详图二

与此相对，标准的呼吸道传染病护理单元则需要更为严格的"三区两通道"布局模式。在这种模式下，必须设立专门的患者走廊，以确保患者出入院、污物收集等流线与医护人员的护理流线完全分离，从而有效避免交叉感染的风险。

为解决急时转换独立患者走廊的难题，设计中通常会采用功能置换的策略。在平时，病房外侧可以设置阳台、休闲空间、阳光房或预留额外的床位。这些空间在急时可以迅速转换，通过打通隔墙，形成一条外侧的患者走廊，从而实现流线分离。

这种设计策略不仅能够确保在急时迅速适应需求变化，也能够在平时提供额外的舒适性和功能性。例如，阳台和阳光房在平时可以为患者提供休闲空间，改善他们的住院体验；而额外的床位则可以在需要时提高病区的收治能力。

此外，设计上还应考虑结构的灵活性和可复用性。通过采用可折叠隔断（图 5.6）等技术手段，可以在平时和紧急情况下迅速转换，兼顾响应速度的同时，也保证了空间的复用性。这种设计不仅节约了空间，也减少了在紧急情况下进行大规模改造的需求。

图 5.6　一种利于普通病房快速平急转换的阳光间隔断

图 5.7 展示了一种通过可折叠隔断实现患者走廊的平急转换的设计思路。

5.4　护士站平急转换设计详图

在护士站的转换设计中，主要考虑以下要点：

（1）护士站作为护理工作的流程枢纽，同时连接着医护区、患者区、护理区，应在转换后保证医疗流程效率的同时，完成各风险分区的分隔。

名称	综合医院 患者走廊	
图示	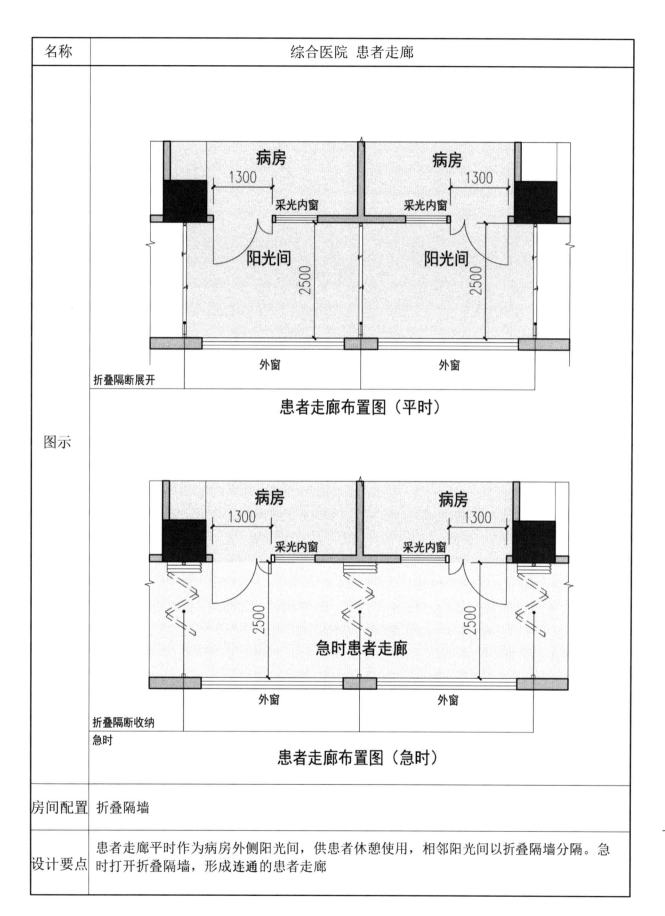 患者走廊布置图（平时） 患者走廊布置图（急时）	
房间配置	折叠隔墙	
设计要点	患者走廊平时作为病房外侧阳光间，供患者休憩使用，相邻阳光间以折叠隔墙分隔。急时打开折叠隔墙，形成连通的患者走廊	

图 5.7　患者走廊平急两用设计详图

（2）护士站经常作为各种物流系统的站点，应保证转换后物流系统和护理单元的安全性。

如图 5.8 所示，急时关闭与清洁区走廊连通的气密门，将护理单元封闭在半污染区，同时为物流系统设置缓冲区，配合气流组织，保证彼此的安全性。

名称	综合医院 护士站
图示	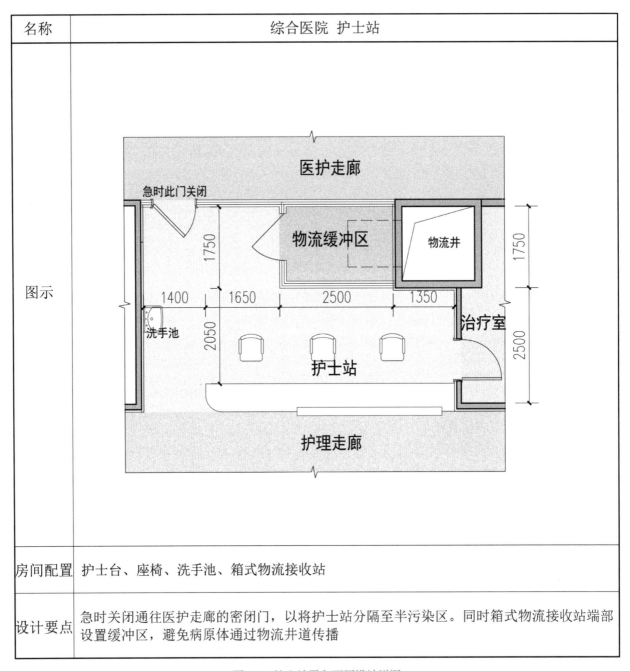
房间配置	护士台、座椅、洗手池、箱式物流接收站
设计要点	急时关闭通往医护走廊的密闭门，以将护士站分隔至半污染区。同时箱式物流接收站端部设置缓冲区，避免病原体通过物流井道传播

图 5.8　护士站平急两用设计详图

第 6 章

综合医院护理单元平急两用设计工程成果

6.1 工程背景

自 2020 年以来，新冠疫情的严峻形势促使各地区新建立了一批区域公共卫生中心。在这一背景下，西安市公共卫生中心项目于 2020 年开始筹划和建设。西安市公共卫生中心以"精专科、大综合"为发展思路，以平急两用为设计理念，旨在方便当地群众就近就医，并在流行性传染病暴发时有效提高城市应急处置能力。

西安市公共卫生中心是基于平急两用的理念设计建设的。在强化城市应急保障能力的同时，进一步促进高陵区公共卫生服务和基本医疗服务的升级。引入 PFC 护理模式①，同时设有疾病预防控制中心，当"疫情"突然暴发的时候，可以做出快速的反应，高效地处理突发公共卫生事件。

当前国内有关公共卫生中心建设的案例多数采用"强专科、小综合"的传染病院综合化的设计模式。西安市公共卫生中心则采用"强专科、大综合"的发展思路。院区整体划分为传染病院区与综合院区，两区设置独立门诊医技与住院区域，但院区之间相互关联。两院区功能分区明确、流线组织清晰且以传染病医院设计标准建设。平时既具备传染病专科医院的医疗条件，又能为周边居民提供方便快捷的就医资源。综合院区的设置也能缓解传染病专科医院运营压力，保证院区的长久发展。急时根据疫情形势进行转换，综合院区也可转换为传染病院进行使用。能有效增强西安市的传染病救治能力与公共卫生事件处理水平。

项目设计之初，由于正值新冠疫情全面暴发之时，国内传染病医疗资源相对紧缺，因此最初计划以传染病院区为主体，建设 1000 床传染病院区、500 床综合院区。但考虑到 2004 年 SARS 疫情之后，大多数传染病医院面临运营问题难以维持的局面，重新考量两区之间分配问题。后确定方案，建设 1000 床综合院区，500 床传染病院区，按照传染病医院建筑设计标准设计。平时院区分别独立运营，急时根据

---

① 自 1983 年美国首次将"以病人为中心护理（Patientfocuscare, PFC）"概念付诸实践以来，护理工作模式发生了显著的变化。其主要特点是由单一的以工作为中心，以完成治疗任务为目的转向以病人为中心，以满足病人需要为目的，相继出现了个案管理、临床路径、无缝隙护理、一站式服务（One-stopservice）等现代护理工作模式。

疫情形势转换。

本项目总体规划充分考虑远期发展,整体用地范围划分为三大区域五个部分:1500床三甲医院(500床传染病院区,1000床综合院区,指挥保障中心)、西安市疾病预防控制中心、预留远期建设用地。项目区位如图6.1所示,根据功能需求分期建设,先期在地块北部中间位置建设临时应急医院(已建成),二期在西侧地块建设综合院区、传染病院区以及指挥保障中心,南地块建设市疾病预防控制中心,全部建成后拆除临时应急医院,地块东作为预留用地。最终形成总计1500床位具有传染病大专科的综合医院,其中综合院区护理单元可随时转换为传染病护理单元,实现平急两用的设计思路。平时500床位传染病院区和1000床位综合院区结合使用,急时可转换为1500床传染病医院,形成用于防治突发公共卫生事件的西安市定点医疗机构。能够有效地满足传染病防治的社会需求,同时解决当地居民的日常医疗需求,确保医院的持续运营。

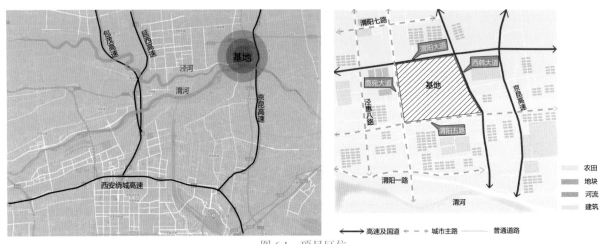

图6.1 项目区位

6.2 总体规划的平急两用设计

6.2.1 总体布局

本项目的总床位数为1500,包括1000床的综合院区和500床的传染病院区。此外还包含指挥保障中心和市疾病预防控制中心,同时预留远期建设用地,总体布局如图6.2所示。

在公共卫生事件发生时,该中心可以根据需要逐步扩展床位数目,转化为具有至多1500床呼吸道传染病护理床位的大型公共卫生中心,提高城市公共卫生应急保障的能力。这一灵活的床位调整方案可以满足不同传染病传播等级的需要,确保医疗资源的最优配置。

在项目总体规划设计中,应充分考虑当地的自然环境因素。在西安市,由于常年主导风向为东北风,因此在规划新建综合医院时,根据主导风向的影响来决定建筑功能分区的位置,以减少基地内污染。

具体而言,后勤生活区位于基地西北角,与主院区隔路相望,市疾病预防控制中心位于东南角,二者远离医疗区,以减小所受影响。传染病院区则位于西南角下风向,综合院区则位于上风向。

这样做的好处在于,传染病院区可能产生的污染气流会被东北风带走,不会影响其他区域的空气质

现代医院护理单元平急两用建筑空间设计

量，综合院区能获得更好的空气质量。

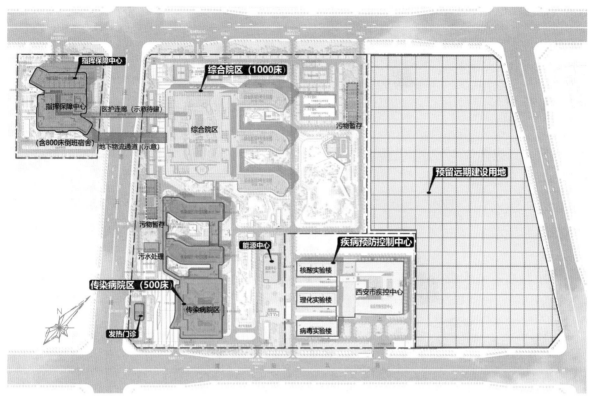

图 6.2 总体布局

6.2.2 功能分区

项目包括传染病院区、综合院区、指挥保障中心、疾病预防控制中心（疾控中心）四部分，功能分区如图 6.3 所示。

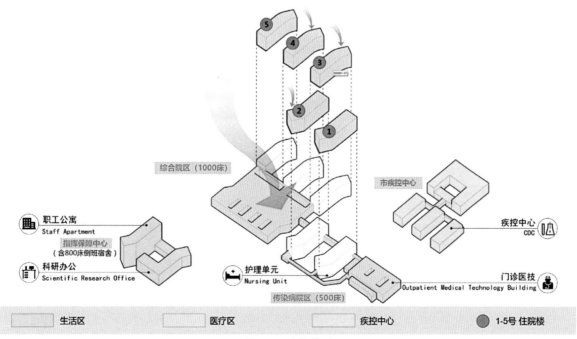

图 6.3 功能分区

其中传染病院区包括门诊医技楼及1、2号住院楼。综合院区包括门诊医技楼及3、4、5号住院楼，所有住院楼均可在传染性疾病暴发时转换成呼吸道传染病病区。二者构成医疗区，位于院区中部。

指挥保障中心包括职工公寓楼和科研办公楼两部分，作为生活区，布置于院区西北侧；疾病预防控制中心布置于院区东南侧。

6.2.3 流线设计

在医院中，人流、物流是医疗活动的重要组成部分。人流主要分为外来人流和内部人流两类。外来人流包括门诊、急诊、住院等患者、探视者以及来访人员等，其中传染性和非传染性疾病的患者需进行严格的分流处理。内部人流主要包括医师、护士、职工、培训人员等。针对这两类人流，进行分流设计，以防止混乱和交叉感染的情况发生。人员流线如图6.4所示。

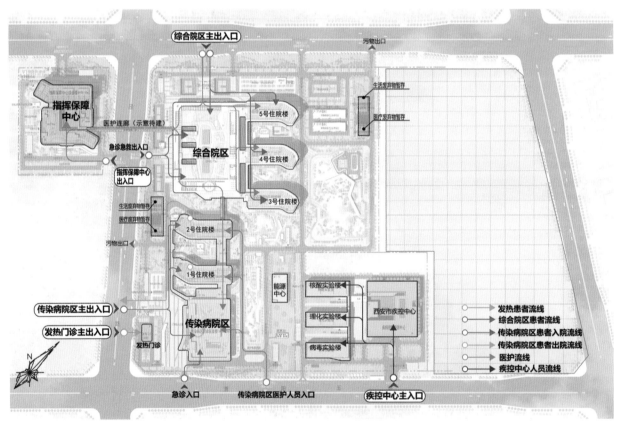

图6.4 西安市公共卫生中心人员流线

物流主要分为进院物流和出院物流两类。进院物流包括食品、药品、医疗器械、敷料、燃料等洁净物品，需要经过专门的处理流程，避免与污物交叉，确保医院物资安全、卫生；出院物流主要是指垃圾、污物、尸体等污染物品，同样需要进行严格的管理和处理，以防止病原体的扩散和传播。物品流线如图6.5所示。

1. 外来人流

综合院区患者经由北侧主入口到达综合院区门诊医技综合楼，再经由连廊或场地内道路向东到达综合院区住院楼，急诊由西侧次入口进入。

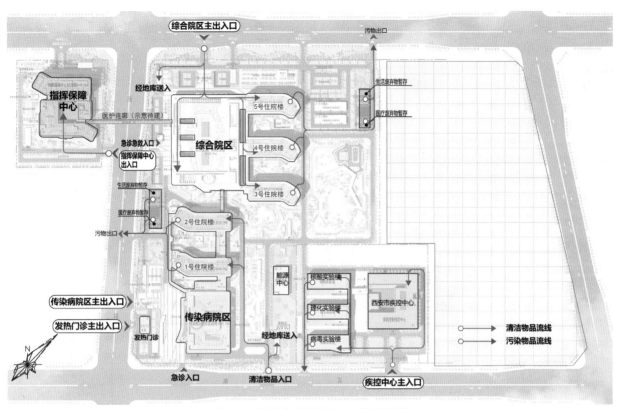

图 6.5　西安市公共卫生中心物品流线

传染病院区患者经由西侧主入口到达传染病院区门诊医技综合楼，经由连廊或场地内道路向北可到达传染病院区住院楼，急诊由南侧次入口进入。

2. 内部人流

医护人员可通过北侧主入口到达综合院区门诊医技综合楼，继续向南通过连廊和场地内道路依次到达住院楼；传染病院区医护人员从场地南侧医护人员入口进入场地，由南至北依次抵达门诊医技楼及住院部，与患者流线相分离；部分指挥保障中心的工作人员，从综合院区西侧医护连廊抵达综合院区门诊医技综合楼，再通过连廊抵达各区域。

疾控中心的医护人员从南侧主入口抵达后，经广场及场地内道路到达各区域。

3. 进院物流

食品、药品、医疗器械及敷料等洁净物品可从北侧综合院区主入口抵达门诊医技综合楼，后经连廊送至各住院楼。传染院区清洁物品从南侧清洁物品入口经场地道路抵达各住院楼。此外，清洁物品还可经两个入口进入场地后，由地库进入，通过地下物流组织送达医院各功能区域。

4. 出院物流

综合院区医疗废弃物及其他污物收集至东侧暂存点后，经由北侧污物出口运出场地。传染病院区污物则收集至暂存点后从场地西侧污物出口运出场地。

6.2.4　住院部布置

带有呼吸道传染病护理单元的住院部，在急时是院内主要的风险源，因此如何降低住院部对周边的不利影响是院感控制中一项极为重要的内容。西安市公共卫生中心项目从以下几个方面入手，以降低住院部对周边的不利影响。

1. 建筑间距

在医院建筑规划设计中，建筑间距是非常重要的因素，尤其对于院感控制具有至关重要的作用。这是因为许多呼吸道传染性疾病往往是通过空气（或气溶胶）传播，较大的建筑间距可以有效降低病原体在空气中的浓度，减小交叉感染的风险。

在传染病医院建设中，根据《传染病医院建筑设计规范》GB 50849—2014 的要求，新建传染病医院选址和现有传染病医院改建和扩建时，医疗用建筑物与院外周边建筑应设置大于或等于 20m 的卫生间距，以进一步降低交叉感染的风险。

在此项目中，综合院区住院楼之间间距为 40m，满足急时改为呼吸道传染病住院楼的要求。综合院区住院楼与门诊医技保持一定的间距，方便急时分区管理。如图 6.6 所示。

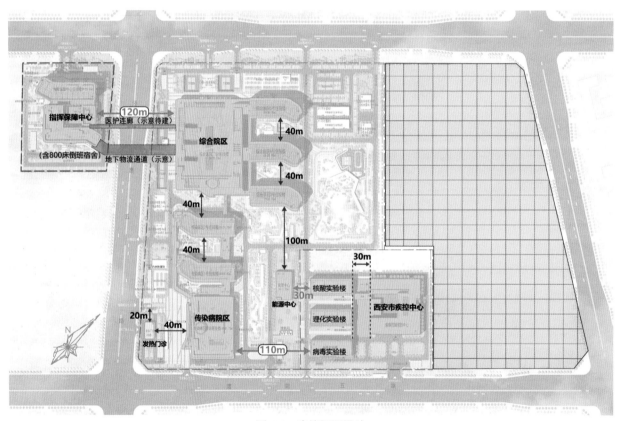

图 6.6　建筑间距设计

2. 主导风向

西安市常年主导风向为东北风，在项目中合理规划医院建筑的功能分区，以实现优化的空气流通路线和污染控制效果。

具体而言，将指挥保障区设在基地的西北角，疾病预防控制中心设在东南角，而传染病院区位于基地的西南侧下风向，以避免病原体通过气流传播到其他区域。综合院区设在基地的北侧上风向，平时可保持相对洁净的空气质量。其普通护理单元转换成呼吸道传染病护理单元后因下风向仅有传染病院区，仍能保证不对院区内清洁区域产生负面影响。

3. 绿化屏障

在院区建设中，绿化屏障的使用是重要的降低住院部对周边不利影响的手段之一。如图6.7所示，在住院部与周边建筑间布置绿化带，不仅能起到美化环境、提升医疗空间质量的作用，还能分隔医疗区域，降低交叉感染风险。

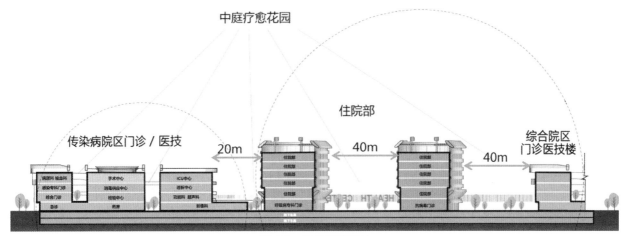

图 6.7 绿化屏障设计

同时，在东地块的规划中，传染病院区与综合院区之间、传染病院区与东侧疾病预防控制中心之间、传染病院区与南侧及西侧城市道路之间，都设置了绿化屏障。

这样的设计不仅缓解了传染病院区对周边区域的心理影响，还可以阻隔可能的污染空气流通至相邻区域，同时满足了美化环境的目的，提升了医院的整体形象和品质，为患者提供了舒适的康复环境。

6.2.5 院区转换方案

项目兼顾日常经营与突发公共卫生安全事件时的应急保障。在急时，可根据传染性疾病的传播发展，实现不同程度的转换。实现小急小转、大急大转、分级响应的要求。其具体的实现依赖于"单元分散式"布局的综合院区住院楼以及远期预留用地的配合，可以根据不同的响应等级灵活转换。

急时模式一：关闭综合院区门诊医技楼，将综合院区和传染病院区护理单元均转换为呼吸道传染病护理单元。

急时模式二：在急时模式一的基础上，进一步拓展护理单元床位数（图6.29），以弥补传染病院区为拓展ICU病房减少的床位数（图9.17）。

急时模式三：启动预留远期建设用地，将建设2400～3000床方舱医院，以应对突发公共卫生事件的剧烈发展，此种模式下整个院区能够提供3900～4500个床位（图6.12）。

1. 平时运营

项目共建设五栋住院楼，并且在不同情况下可以灵活地转换用途。其中，1、2号楼作为传染病院区住院楼（共500张床位）；3、4、5号楼为综合院区住院楼（共1000张床位），可根据传染性疾病的发展情况部分或全部转化为呼吸道传染病护理床位。功能布局及流线组织见图6.2～图6.5。

2. 急时模式（一、二）

随着传染性疾病的传播形势逐步严峻，3、4、5 号住院楼可逐步转换成呼吸道传染病住院楼。住院楼与综合院区门诊医技楼之间的连廊关闭，形成独立的住院区。同时为降低院区交叉感染风险，关闭综合院区门诊医技综合楼。各住院楼通过连廊使用传染病院区的医技部。此时，形成 1500 床的传染病定点医院。急时运营方案如图 6.8 所示，出入口管理如图 6.9 所示。

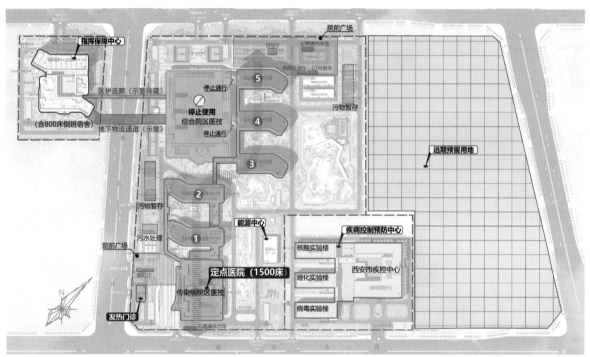

图 6.8　急时模式（一、二）西安市公共卫生中心运营方案

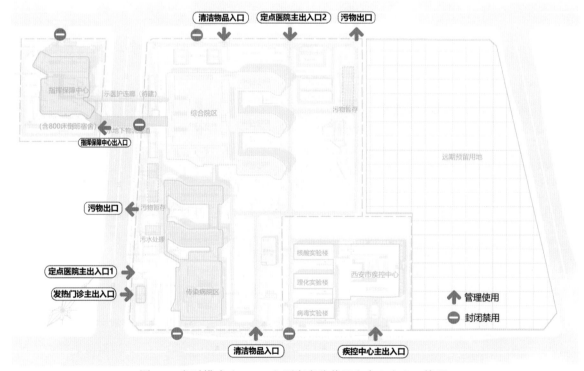

图 6.9　急时模式（一、二）西安市公共卫生中心出入口管理

急时，院区流线组织遵循医患分流、洁污分流的原则：北区患者通过北侧综合院区次入口进入，通过3、4、5号住院楼东侧独立入口进入住院楼。南区患者通过西侧传染病院区入口进入，通过1、2号住院楼西侧独立入口进入住院楼。医务人员从指挥保障中心通过医护连廊进入综合院区，再通过廊道到达南北区住院楼，经住院楼清洁入口进入。人员流线如图6.10所示。

污物分别从住院楼污染端收集后，从院区北侧、西侧污物出口运出，洁净物品流线和医护流线基本相同，另外还可从北侧清洁物品入口到达综合院区，经连廊送达各部清洁区端部。物品流线如图6.11所示。

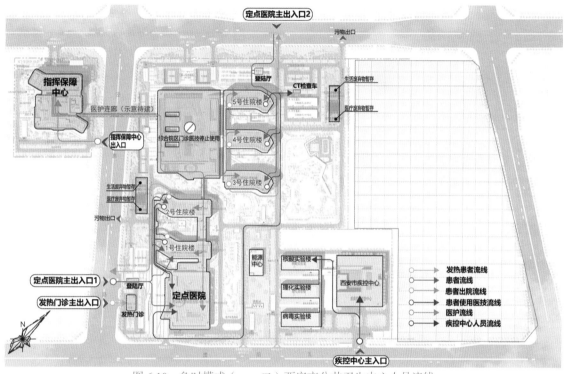

图6.10　急时模式（一、二）西安市公共卫生中心人员流线

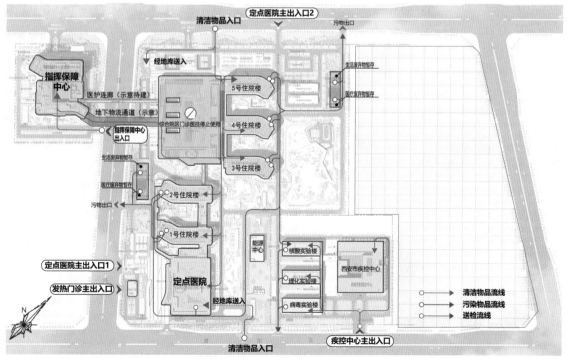

图6.11　急时模式（一、二）西安市公共卫生中心物品流线

3. 急时模式三

在突发公共卫生事件剧烈发展的情况下，为满足临时急剧扩张的公共卫生应急需求，可以利用东侧预留用地内机电管线迅速建设 2400～3000 床的方舱医院，此时整个院区的床位数达到 3900～4500 床。方舱医院主要收治轻症和无症状感染者，当部分患者病情加重时，可依靠西安市公共卫生中心的定点医疗机构迅速转院。同时西安市疾病预防控制中心能够满足方舱医院运行时的核酸检测等检验需求，形成全流程的公共卫生应急体系。运营方案如图 6.12 所示，方舱医院流线图如图 6.13 所示。

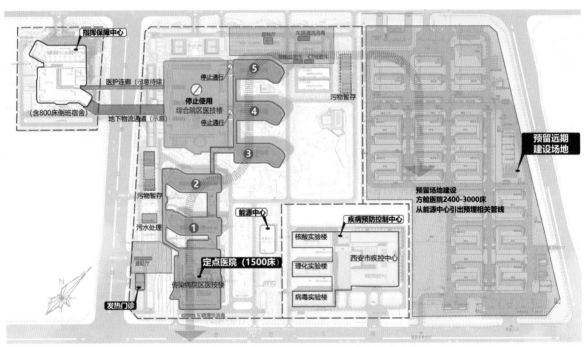

图 6.12 急时模式三西安市公共卫生中心运营方案

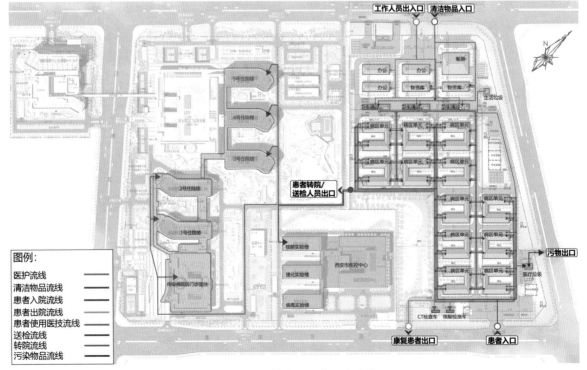

图 6.13 急时模式三方舱医院流线图

全院区通过各区域有机协调，配合模块化的住院楼设计以及远期应急场地，实现了急时灵活、便捷的转换，满足了不同层次的城市公共卫生应急保障需求，真正实现"小疫小转、大疫大转、不疫不转、急时快转"。

6.3 护理单元方案设计演变

西安市公共卫生中心项目设计之初，就本着兼顾平时运营使用和发生重大公共卫生事件时的应急处理能力的原则，而护理单元的平急转换能力是其基础。经过几个月的推敲和完善，护理单元的设计方案最终定稿。

6.3.1 方案一

1. 平时功能流线组织

1）功能布局

初步方案采用了"双廊 + 单侧病房"的平面组合形式。其中，主廊为护理走廊，直接与病房相连，是患者和医护人员共同使用的交通空间。次廊为医护走廊，供医护人员专门使用，走廊两侧布置双排房间，关联医护办公区与护理工作区。整体形成医护区、患者区、护理区分区明确且集中的格局。功能布局如图 6.14 所示。

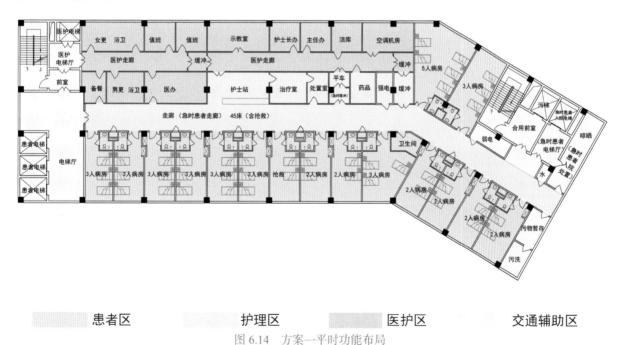

图 6.14 方案一平时功能布局

2）流线组织

在垂直交通方面，护理单元左侧端部布置电梯厅供患者和家属使用，医护人员则使用专用电梯。右侧端头则布置污梯，供污物运输使用。有效地分离医护和患者的流线，降低交叉感染的风险。同时，污梯的设置是洁污分流的基础。

医护人员使用专门的医护电梯达到护理单元后，穿过医护走廊进入医护办公区，再通过护士站进入护理走廊，最终进入各个病房进行医疗护理工作。患者则通过电梯厅到达护理走廊，进入病房接受治疗。医患流线如图 6.15 所示。

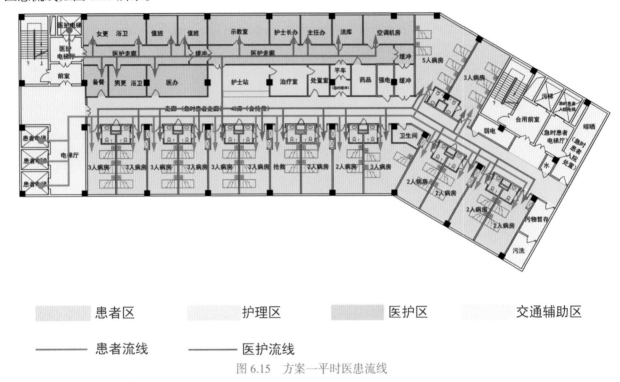

| 患者区 | 护理区 | 医护区 | 交通辅助区 |

——— 患者流线   ——— 医护流线

图 6.15　方案一平时医患流线

物流方面，污物经护理走廊从各病房收集，在污洗、暂存间处理后从右侧端部的污梯运离护理单元。洁净物资则经医护电梯抵达医护办公区，经由医护走廊到达物资库。餐品由自备餐间经护理走廊分发至各个病房。物品流线如图 6.16 所示。

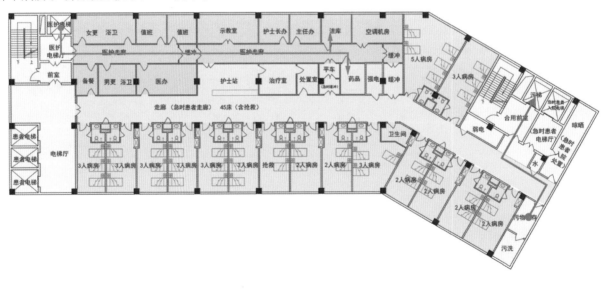

| 患者区 | 护理区 | 医护区 | 交通辅助区 |

——— 清物流线   ——— 污物流线

图 6.16　方案一平时物品流线

2.急时功能流线组织

1）转换方式

转换过程大致包含两个步骤：

功能置换。左侧电梯厅置换成医护梯，右侧其中一个污梯置换成患者梯，将医护办公区的部分交通空间和储存空间转换成穿脱防护服的缓冲空间；将右侧端部的晾晒空间改造为处置室，方便医护人员对入院患者进行清洁处置。

流线控制。将备餐间、部分医生办公室、护士站等联通护理走廊的一侧隔断、关闭。

通过以上步骤，可将护理单元转换成具有"三区（清洁区、半污染区、污染区）一通道（医护走廊）"的护理单元。平急转换见图6.17。

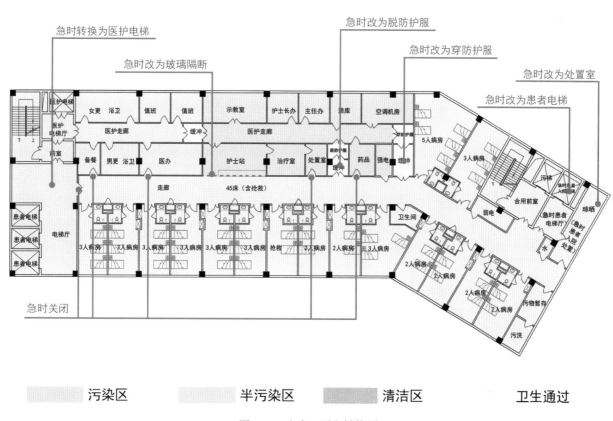

图 6.17　方案一平急转换图

2）功能布局

经过转换，原来的医护区被划分为清洁区和半污染区，原来的护理走廊、病房、污梯等则被划分为污染区。护理走廊不仅供医护人员进行医疗护理工作，同时也是患者的通道。急时功能布局如图6.18所示。

整个护理单元的布局形式变成了"三区一通道"（一通道即只有医护走廊，没有患者走廊）。其中，清洁区主要用于医护人员值班更衣，半污染区用于医护人员值班、进行无需接触患者的工作，污染区作为患者休息、医护人员进行需要接触患者的工作以及污物收集处置的空间。

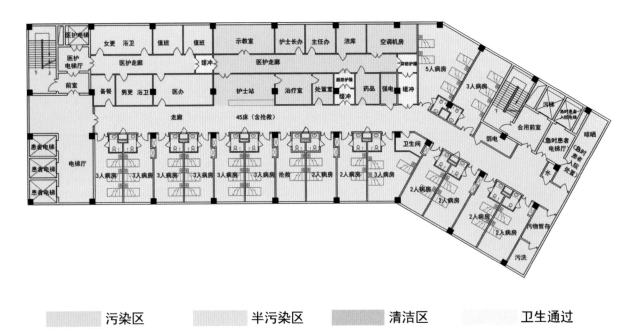

污染区　　　　半污染区　　　　清洁区　　　　卫生通过

图 6.18　方案一急时功能布局

3）流线组织

在急时，医护人员和患者的人流未能实现严格分离。具体来说，医护人员从医护梯抵达清洁区，需更衣后进入半污染区，再穿上防护服进入污染区（护理走廊）。患者则从入院电梯抵达污染区，经过处置室进行清洁处置后，通过护理走廊进入病房。医患流线在护理走廊产生交叉。医患流线如图 6.19 所示。

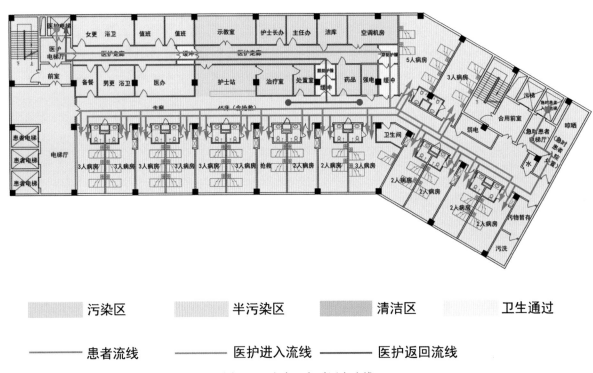

污染区　　　　半污染区　　　　清洁区　　　　卫生通过

———— 患者流线　　　　———— 医护进入流线　　———— 医护返回流线

图 6.19　方案一急时医患流线

污物经由护理走廊完成收集，经过污洗、暂存间收集处置后经污梯送离护理单元。洁净物资则经由医护梯送至清洁区，通过医护走廊到达物资库。餐品从配餐间通过两个缓冲空间送达污染区，再通过护

现代医院护理单元平急两用建筑空间设计

理走廊分发至各病房。洁污流线在护理走廊再次交叉，如图 6.20 所示。

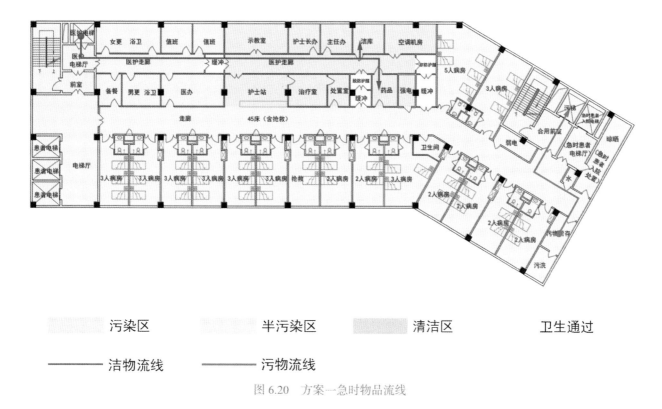

░░░ 污染区　　　　░░░ 半污染区　　　　░░░ 清洁区　　　　卫生通过

——— 洁物流线　　　——— 污物流线

图 6.20　方案一急时物品流线

4）存在问题

由于未设置独立的患者走廊供患者使用，导致护理走廊同时服务于医护人员和患者，因而人流、物流在护理走廊内产生交叉；同时由于未设置患者出院电梯，患者出入院必须使用同一部电梯，对患者出入院管理造成了一定的困难。

6.3.2　方案二

方案一"三区一通道"的设计，避免不了医患流线、洁污流线的交叉，因而方案二开始探索"三区两通道"的设计。

1.功能设计优化

功能设计上的优化包括以下几点：

（1）在原有布局的基础上，在病房外侧增加了一个进深为 2.6m 的阳光间，用于提供人性化的关怀空间，让患者在治疗之余能够有一个休闲娱乐的场所。在急时，阳光间隔断可被拆除，以形成专用的患者走廊。

（2）拆除原来右侧端部的污洗间、暂存间、晾晒空间，将污洗和暂存空间集成至污梯处，使病房内部的空间更加合理和清洁。

（3）在病房与护理走廊之间增加了一个前室，使得护理单元内部的流线更加合理，同时也为病房前缓冲间的建设留下了充足的空间。

方案二平时功能布局如图 6.21 所示。

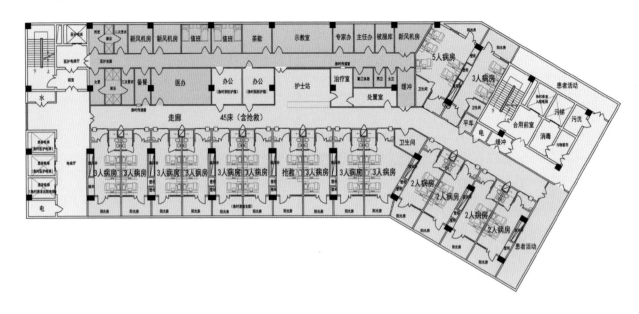

医护区　　　　护理区　　　　患者区　　　　交通辅助区

图 6.21　方案二平时功能布局

2. 转换方式优化

方案二的转换流程包括以下两个方面（图 6.22）：

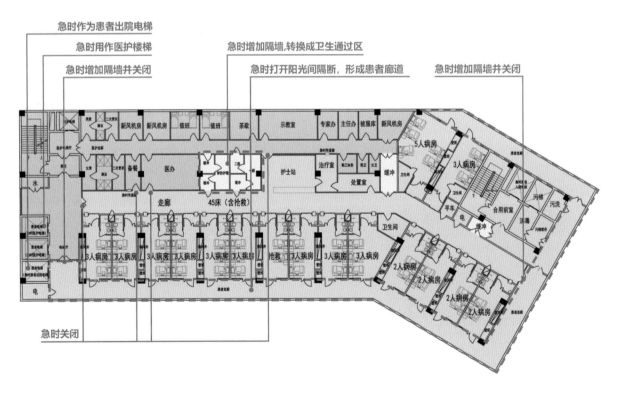

清洁区　　　　半污染区　　　　污染区　　　　卫生通过

图 6.22　方案二平急转换图

现代医院护理单元平急两用建筑空间设计

功能置换。①将护士站左侧功能空间置换成原穿脱防护服的卫生通过；②在病房前室加装负压机和门，形成缓冲空间；③将左侧电梯厅最外侧电梯转换成患者出院梯。

流线控制。①拆除阳光间隔板，形成连续的患者走廊；②将护理走廊上清洁区功能用房封堵；③在患者走廊与护理走廊交接处新增隔墙。

优化后，病区可转换成标准三区两通道的呼吸道传染病护理单元，原医护区为清洁区；原护理区为半污染区；病房和患者走廊为污染区。

3. 流线组织优化

医护流线：医护人员乘左侧医护专用梯抵达清洁区医护走廊，然后通过护士站左侧卫生通过到达护士站（半污染区），经由护理走廊到达病房前缓冲间，最终进入病房（污染区）。

患者流线：患者入院时从右侧端部患者梯进入护理单元污染区，经过病房外侧患者走廊进入病房。出院时，清洁卫生后患者从病房外侧的患者走廊到达左侧端部的出院电梯，离开护理单元。

方案二急时医患流线如图 6.23 所示。

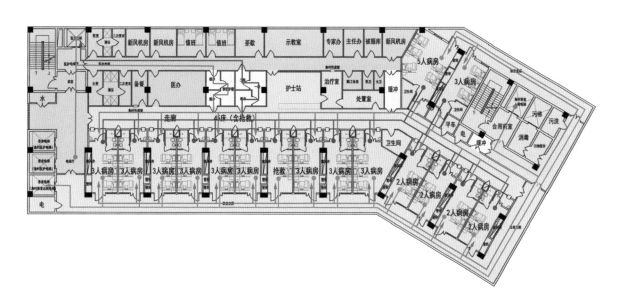

　　█████ 清洁区　　　████ 半污染区　　　████ 污染区　　　██ 卫生通过

—— 医护进入流线　—— 医护返回流线　—— 患者入院流线　—— 患者出院流线

图 6.23　方案二急时医患流线

洁物流线：洁净物资经过医护电梯抵达清洁区医护走廊，通过物资缓冲区到达半污染区，再经过护理走廊抵达病房前缓冲间，然后进入病房。

污物流线：通过患者走廊将污物从病房外侧收集完成后，送达污梯厅内污洗、暂存处进行处理，最终通过污梯离开护理单元。

方案二急时物品流线如图 6.24 所示。

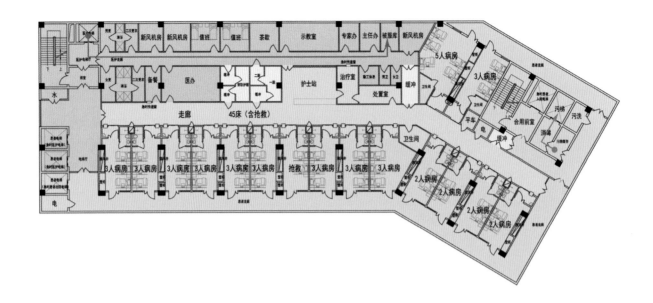

清洁区　　　半污染区　　　污染区　　　卫生通过

洁物流线　　　污物流线

图 6.24　方案二急时物品流线

4. 优势与不足

1）优势

方案二相比于方案一，在平面布局上满足了"三区两通道"的要求；流线组织上，医患分流，洁污分流，不再存在任何流线交叉。方案二已经满足传统呼吸道传染病护理单元的要求，建立了清晰顺畅的"三区两通道"布局，医护流线和患者流线分离。此外，污物和清洁物资流线互不交叉。患者入院和出院分乘不同的电梯，流线分离。

2）不足

方案二中，医护人员在清洁区完成更衣后，通过缓冲间到达半污染区，再通过病房前缓冲间进入病房。

完成护理工作后，再次经过病房前缓冲间返回护理走廊（半污染区），再根据实际情况决定是否返回清洁区。

这种返回方式，存在如下风险：医护人员在病房内进行护理工作时防护服可能被污染，因而返回护理走廊后，可能因清洁不到位而对半污染区造成污染。

6.3.3　最终方案

最终方案中，为进入病房工作的医护人员专门设置一个返回流线：完成护理工作后，经患者走廊抵达左侧端部，经过卫生通过完成一脱、二脱，返回清洁区。降低了污染半污染区的风险。进入、返回流线如图 6.25 所示。

最终方案的详细分析在后续章节展开论述。

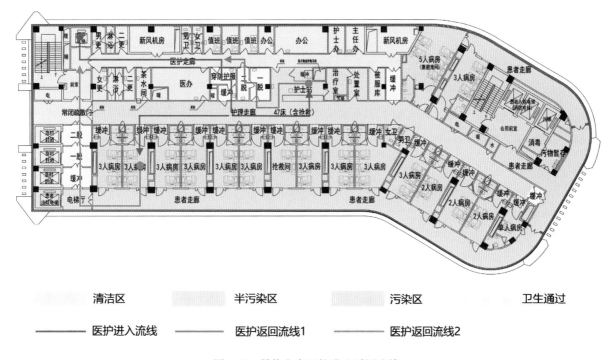

图 6.25　最终方案医护进入返回流线

6.4　护理单元功能的平急两用设计

与普通护理单元不同的是：呼吸道传染病护理单元，按"三区两通道"模式进行布局。其中三区分别指污染区、半污染区、清洁区，两通道指医护人员通道和患者通道。因此，护理单元功能的平急两用设计重点在于合理地将平时的"三区两通道"转换成急时的"三区两通道"。

平时的三区（医护区、护理区、患者区）与急时的三区（清洁区、半污染区、污染区）是存在内在联系的。一般而言，医护办公区宜转换成清洁区，而护理工作区转换至半污染区更方便开展护理工作，患者区自然转换成污染区。

平时的两通道（医护走廊、护理走廊）与急时两通道（医护走廊、患者走廊）的转换关系一般是：原医护走廊转换成急时的医护走廊，沿用原空间，方便快捷；原护理走廊作为急时的半污染区；急时的患者走廊可以由部分病房空间转换而来。

6.4.1　平时功能分区

在平时，护理单元设置医护区、护理区、患者区、辅助工作区等不同区域。每个护理单元 45 床左右，病房设置以 3 人病房为主，同时设置 2 人病房、多人病房以满足不同患者的需求。平时功能布局如图 6.26 所示，功能分区见表 6.1。

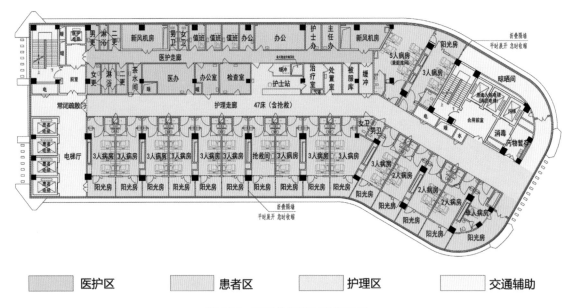

| 医护区 | 患者区 | 护理区 | 交通辅助 |

图 6.26　护理单元平时功能布局

护理单元平时功能分区表 表 6.1

分区	功能	房间
医护区	医护生活、办公	更衣室、卫生间、茶水间、值班室、医生办公室、主任办公室、护士长办公室、会议室
护理区	护士工作	护士站、治疗室、处置室、配餐间、茶水间、被服间、污洗间、暂存间
患者区	病人休养	病房、卫生间、阳光房
辅助功能区	辅助用房	医护电梯、患者电梯、污梯、给水排水管井、通风管井、强弱电管井

　　护理单元采用了"双廊 + 单侧病房"的平面布局形式，将医护办公区、护理工作区、病房以及辅助用房进行有机组织。通过中部的护理走廊并联病房、护士站、处置室等护理区，主要病房位于护理单元南侧采光面，以保证充足的自然采光和通风。北侧的次廊为医护走廊，并联医护人员生活办公休闲等功能用房，为医护人员提供舒适便捷的生活和办公空间。

　　在垂直交通的布置上，护理单元左侧端部设置有医护电梯、患者电梯，满足平时医护、患者的交通需求，并实现医患分流；护理单元右侧端部设置了货梯，用于污物收集、暂存和运输，实现洁污分流，从而有效降低交叉感染的风险。这种平面布局的设计，不仅实现了医疗活动的高效率进行，同时也营造出舒适、安全的医疗环境，为患者提供充满人文关怀的医疗康复服务。

6.4.2　平急转换流程

　　该项目可以通过简单的空间改造，在急时快速转换成符合呼吸道传染病护理的标准护理单元，平急转换如图 6.27 所示。具体的转换方式如下：

　　1. 功能置换

　　（1）左侧四个患者梯中，最外侧患者梯转换成出院电梯，内侧三个电梯停止使用；

　　（2）将右侧两个污梯中一个转换成患者入院电梯；

　　（3）左侧电梯厅转换成卫生通过，供医护人员由患者走廊返回；

（4）护士站左侧功能用房转换成清洁区进出半污染区的卫生通过。

2.流线控制

（1）打开原病房阳光间的折叠隔墙，使其贯通，成为患者走廊；

（2）封闭与护理走廊相连的区域。

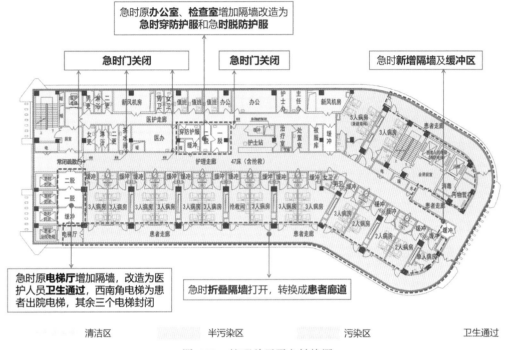

图 6.27　护理单元平急转换图

6.4.3　急时功能分区

护理单元经过转换后，将形成规范的、具有"三区两通道"的呼吸道传染病护理单元。清洁区、半污染区、污染区通过缓冲/卫生通过空间串联，医护走廊、患者走廊彼此分离，互不交叉。护理单元急时功能分区如图 6.28 所示，护理单元急时功能分区见表 6.2。

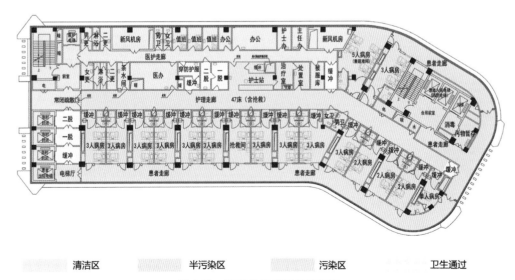

图 6.28　护理单元急时功能布局

護理單元急時功能分區表 表6.2

分區	功能	房間	原房間
清潔區	醫護生活辦公	更衣室、衛生間、茶水間、值班室、辦公室、會議室、醫護梯、疏散樓梯	—
半污染區	護士工作	護士站、治療室、處置室、護理走廊	—
污染區	病人休養	病房、衛生間、污梯、入院電梯、出院電梯	—
衛生通過	輔助用房	防護服一脫間、防護服二脫間、防護服穿戴間、緩衝間	治療室、處置室、電梯廳
醫護走廊	清潔區醫護人員的交通空間	醫護走廊	—
患者走廊	患者入院、出院、污物收集、患者活動	患者走廊	陽光間

清潔區包括醫護生活辦公區、醫護電梯、醫護走廊、疏散樓梯等功能空間；半污染區主要由原護理工作區構成，包括護士站、處置室、治療室等。護理走廊也屬於半污染區。污染區主要有患者病房、患者走廊、污梯、患者梯等功能空間。

此外，護理單元在急時還可進一步拓展床位數，通過增加部分2人病房床位，護理單元可額外拓展出4張病床，以彌補傳染病院區因轉換ICU導致的床位減少，如圖6.29所示。

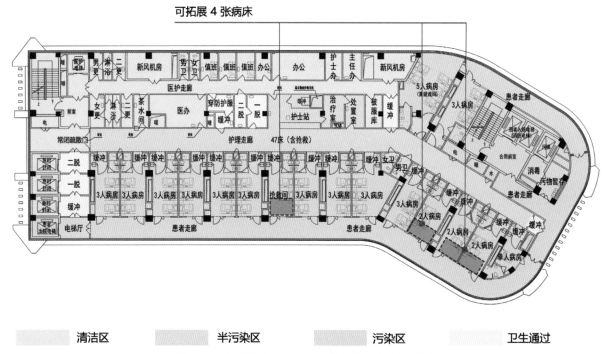

圖6.29　急時模式（二、三）護理單元病床拓展圖

6.5 護理單元流線的平急兩用設計

護理單元的流線組織是平急兩用的重中之重，合理順暢的人流物流是護理單元便捷使用的前提。

平時護理單元的醫患分流、潔污分流設計是允許共用部分流線的，多在護理走廊同時組織醫護、患者

現代醫院護理單元平急兩用建築空間設計

92

以及洁物、污物的进出病房流线。急时医护流线和患者流线。洁净流线与污物流线应严格分离，互不交叉。

6.5.1 平时流线组织

秉持着医患分流、洁污分流的交通流线组织原则，平时使用时，在护理单元左侧端部分别设置医护专用梯、患者专用梯，在右侧端部设置污物梯，并集中设置污洗、暂存间。护理单元平时医患流线如图6.30所示，物品流线如图6.31所示。

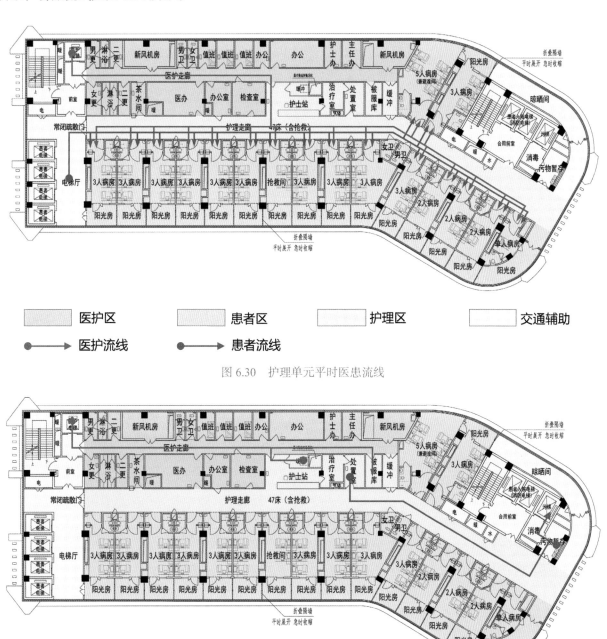

图 6.30　护理单元平时医患流线

图 6.31　护理单元平时物品流线

护理单元的日常使用中，医护人员通过医护电梯到达病区，再经医护走廊到达医护工作区。日常医护工作开展时，通过护士站、护理走廊到达治疗室、处置室、病房等功能空间。患者通过专用电梯到达护理单元后，经护理走廊到达病房休养。

物流的组织遵循"洁污分流"的原则。部分洁净物资（如被服）通过医护梯到达病区后经医护走廊抵达物资库。药品辅料通过箱式物流系统送达护士站，在护士站经过整理后运至物资库。

6.5.2 急时流线组织

1. 医患流线

急时，医护人员乘坐医护电梯抵达清洁区后，经过卫生通过进行严格的两次更衣及缓冲后进入中部的护理走廊，此时已经进入半污染区。医护人员可根据护理需要灵活选择是否进入病房。未进入病房的，可再次经过护士站左侧缓冲/卫生通过返回洁净区。进入病房的，为防止将污染源带回半污染区，需经过患者走廊抵达左侧卫生通过，经卫生通过脱下可能被污染的防护服后返回洁净区。急时医护流线如图6.32所示。

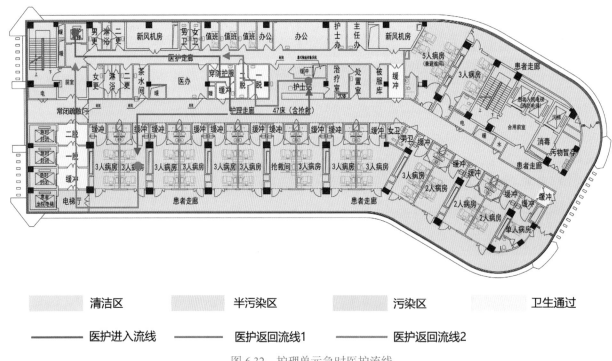

图 6.32　护理单元急时医护流线

患者入院时，从右侧端部患者入院梯抵达病区，经患者走廊到达所属病房休养，原则上不允许通过病房前室缓冲间进入护理走廊；待病人康复后，完成清洁工作后，从病房外侧患者走廊到达护理单元左侧患者出院电梯厅，乘专用电梯离开病区。急时患者流线如图6.33所示。

医护人员主要活动流线集中在清洁区和护理走廊，患者主要活动流线位于患者走廊，满足医患分流、洁污分流的设计原则。

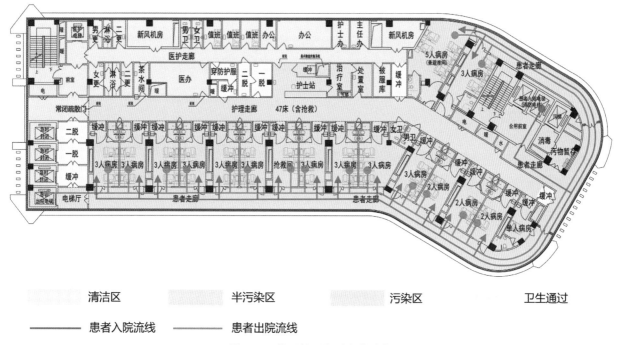

清洁区　　　半污染区　　　污染区　　　卫生通过

—— 患者入院流线　　—— 患者出院流线

图 6.33　护理单元急时患者流线

2. 物品流线

在物流上，洁净物资经医护梯抵达清洁区医护走廊后，由清洁区工作人员将其运达物资专用缓冲间后，人员退回。半污染区工作人员进入缓冲间将物资运入半污染区。经护理走廊将物资分发至护士站、治疗室、处置室及各病房。为防止交叉感染，原则上箱式物流系统应停止使用。此项目箱式物流系统收发端具有缓冲间设计，可继续使用。急时物品流线如图 6.34 所示。

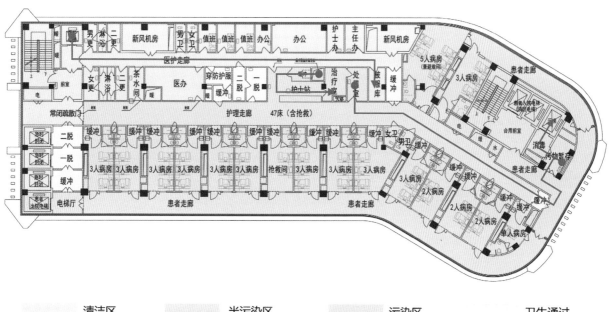

清洁区　　　半污染区　　　污染区　　　卫生通过

—— 洁净物品流线　　—— 污物流线

图 6.34　护理单元急时物品流线

污物经患者走廊从病房外侧收集后，经患者走廊送达污洗间、暂存间，处理后通过污梯离开护理单元。

6.6 重点空间的平急两用设计

6.6.1 缓冲空间的平急两用设计

缓冲空间是急时联系清洁区、半污染区、污染区的枢纽，既是功能上的纽带，又是防止交叉感染的技术保障。广义上的缓冲空间包括卫生通过和缓冲区，使用时除进行规范的防护操作外，还通过通风系统保证一定方向上的梯度气压，防止交叉感染。

护理单元在平时使用中是不存在缓冲空间的，因此急时多将一部分非必要功能用房或交通空间改造转换形成急时的缓冲空间。

1. 平时

未进行转换时，卫生通过及缓冲空间一般是具有实用功能的功能用房或交通空间。护士站左侧的缓冲区转换之前是检查室、办公室，具有相应的给水排水系统；护理单元左侧端部的缓冲间，转换之前是患者电梯的电梯厅；病房前的缓冲间，平时作为前室，布置洗手池（详见图6.26）。

所有可转换的卫生通过及缓冲间，均设有相应的新风、排风口，转换后可通过负压系统迅速满足相应的气压梯度要求。

2. 急时

急时缓冲空间的分布如下（详见图6.28）：

缓冲空间1：位于护士站左侧，原为医生办公室、检查室。急时增设轻质密闭隔墙，配合预留给水排水系统、通风管井，形成两个单向的卫生通过及缓冲区。由清洁区进入半污染区时，通过左侧卫生通过加穿最外侧防护服，通过缓冲间进入护理走廊；由半污染区返回清洁区时，通过右侧一脱（缓冲）→二脱（缓冲）进入清洁区。

缓冲空间2：位于护理单元左侧端部，原为患者电梯厅。急时增设轻质密闭隔墙、密闭门，形成缓冲→一脱→二脱（缓冲）的卫生通过，满足医护人员从污染区返回清洁区的需求。

缓冲空间3：位于每个病房的入口侧，原为预留的病房前室，急时转换成进入污染区的缓冲间。

缓冲空间4：位于护理单元右侧，连接患者走廊和护理走廊（半污染区），原为交通空间，急时增设密闭隔墙，隔出缓冲空间和部分患者走廊。

缓冲空间5：位于清洁区右侧端部，连接清洁区和护理走廊（半污染区），原为交通空间。

3. 缓冲空间平急两用设计策略

缓冲空间的平急两用设计主要是通过预留置换空间实现的。具体来说：平时应对缓冲空间进行合理规划，并预留相应的转换空间。急时通过对相应空间（如：医生办公室、检查室、病房前室等功能空间和电梯厅、廊道等部分交通空间）进行功能转换，配合预留通风、给水排水系统形成急时的缓冲空间。

6.6.2 病房的平急两用设计

病人对于病房的使用需求在平时和急时并没有显著的区别。然而，由于病房在急时被视为污染区域，为保护医患人员的安全、防止交叉感染，因此病房需要满足特定的隔离标准。为此，在病房的布局设计中，通常需要设置前室，以便在急时转化为缓冲区，供医护人员进出。急时患者进出病房需要经过患者走廊，除了在平时就设置患者走廊的，一般需要利用病房外侧的空间在急时进行转换。病房详见图 6.35。

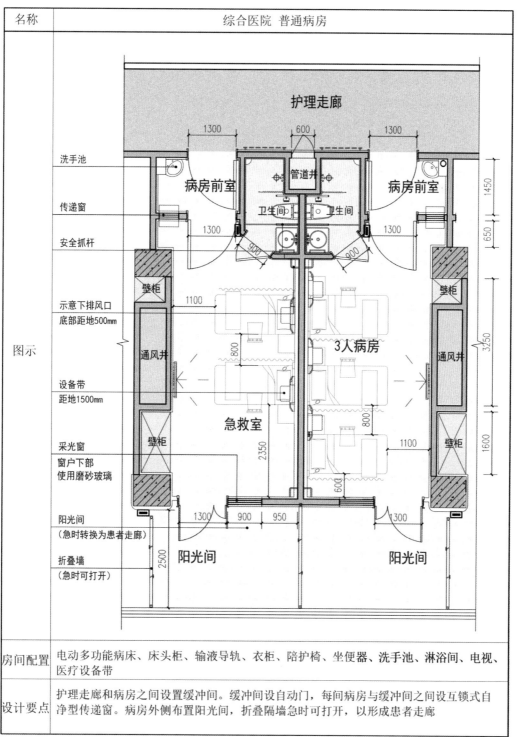

图 6.35　病房详图

1. 平时病房设计

作为护理单元的重要组成部分，病房是患者休养和接受治疗的主要场所。在本项目中，每两个病房为一组，并采用对称设计，卫生间共用水管井。在病房内，设计了前室并预先安装了洗手池，预留了新风和排风口。同时，壁橱旁也预留了排风井，病房内还设有新风和排风口。在病房外侧设置了阳光房，作为患者休养疗愈的人性化空间，阳光房之间通过可折叠隔墙进行分隔。这样的设计可以提高患者的舒适感和医疗体验。

2. 急时病房转换

在急时，可以通过简单的改造来实现病房的转换，具体包括以下步骤：

（1）启动负压系统，将病房前室转换成缓冲空间，用以连接护理走廊（半污染区）和病房（污染区）。通过缓冲空间的负压系统，控制气流按照护理走廊→缓冲间→病房的方向流动，避免病原体的扩散。

（2）将阳光房可折叠隔墙打开，使其相互连通形成患者走廊，如图6.36所示。

图 6.36 患者走廊的快速转换示意

（3）启动病房内通风系统，并与病房前室（缓冲空间）和患者走廊形成气压梯度，保证空气流向的合理性。这样可以避免污染物从高风险等级区域流向低风险等级区域。

3. 病房平急两用设计策略

病房的平急两用设计策略主要集中在三个方面：

（1）预留病房前室空间，以便急时转换为缓冲空间；

（2）通风系统采用兼容性设计，以便急时迅速启用；

（3）预先设计阳光房空间，以便急时转换成患者走廊。

6.7 机电专业的平急两用设计

6.7.1 通风系统的平急两用设计

1. 平时通风系统设计

普通护理单元平时空调、通风平面图见图6.37。平时按照普通病房设计，每间病房新风量为2次/h，在病房卫生间设置排风口。考虑到平疫转换的需求，排风系统分区设置，在病房里预留下排风口的接口。空调机房和屋面预留急时需要增加的设备的安装位置。

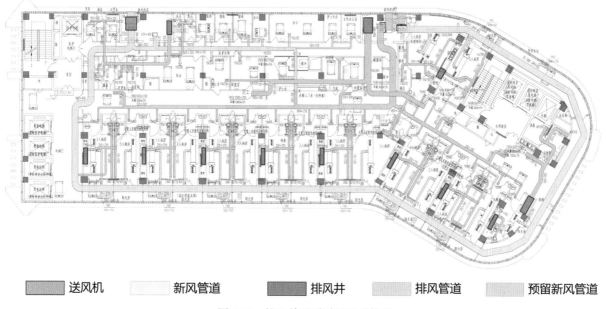

图 6.37　护理单元平时通风系统图

2. 急时通风系统转换

急时护理新风系统、排风系统转换图见图 6.38、图 6.39。护理单元通风系统平疫转换具体措施有：

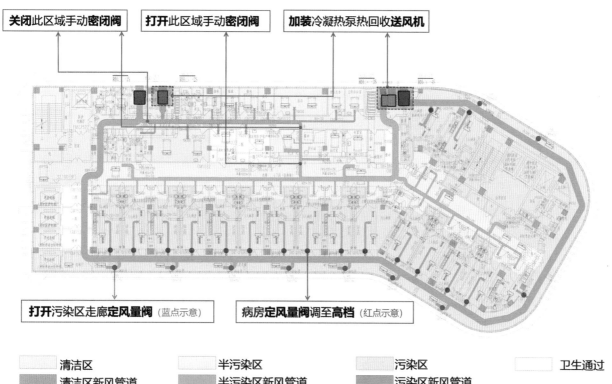

清洁区　　半污染区　　污染区　　卫生通过
清洁区新风管道　　半污染区新风管道　　污染区新风管道
清洁区送风机　　半污染区送风机　　污染区送风机

图 6.38　护理单元急时新风系统转换图

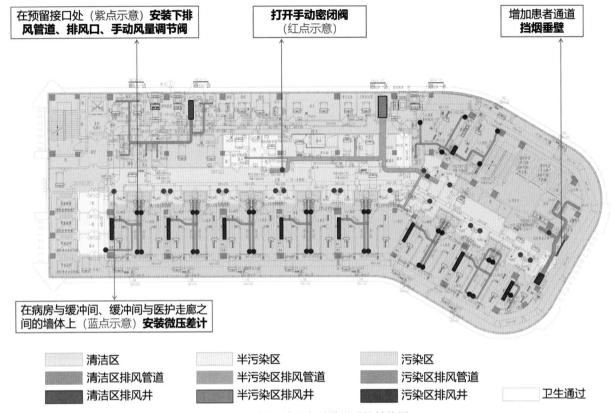

在预留接口处（紫点示意）**安装下排风管道、排风口、手动风量调节阀**

打开手动密闭阀（红点示意）

增加患者通道**挡烟垂壁**

在病房与缓冲间、缓冲间与医护走廊之间的墙体上（蓝点示意）**安装微压差计**

清洁区	半污染区	污染区
清洁区排风管道	半污染区排风管道	污染区排风管道
清洁区排风井	半污染区排风井	污染区排风井
		卫生通过

图 6.39　护理单元急时排风系统转换图

（1）新风机房内预留急时增设的设备的安装位置，在该位置上安装急时使用的冷凝热泵热回收送风机，并安装相应的风管、冷媒管、冷凝水管及附件。

（2）根据急时屋面排风系统图，拆卸部分风管，安装急时使用的排风机、排风管、电动风阀、冷媒管等，平、急时屋面排风系统如图 6.40、图 6.41 所示。

（3）在病房内排风系统的预留接口处安装下排风管道、排风口、手动风量调节阀。

（4）关闭新风系统上标记为"开"的手动密闭阀、打开新风系统上标记为"关"的手动密闭阀，新风系统即可转换为不同分区的独立系统。打开排风系统上标记为"关"的手动密闭阀，增大半污染区的排风量。

（5）污染区病房新风支管上的电动两档定风量阀调至高档风量，打开污染区走廊里的电动定风量阀，污染区新风量增大至 6 次/h。

（6）在病房与缓冲间、缓冲间与医护走廊之间的墙体上安装微压差计。

（7）根据急时防排烟平面图增加患者通道内的挡烟垂壁。

急时负压病房控制要求：

（1）病房风机控制措施：启动时先启动排风机、后启动送风机；关闭时先关送风机、后关排风机。

（2）医护走廊与缓冲间、缓冲间与病房之间设置微压差计，用于检测和报警。

（3）当病房作为非呼吸道负压病房时，启动 1 台新风机和对应的 1 台排风机；当病房切换为呼吸道负压病房时，启动 2 台新风机和对应的 2 台排风机。

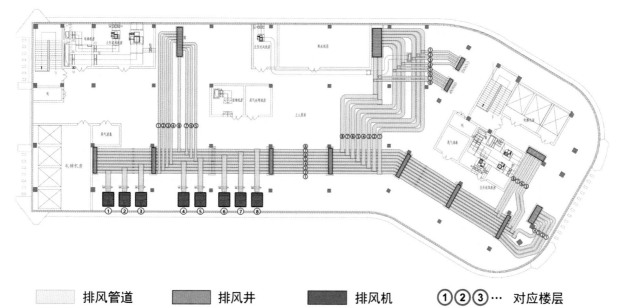

| 排风管道 | 排风井 | 排风机 | ①②③… 对应楼层 |

图 6.40 护理单元平时屋面排风系统图

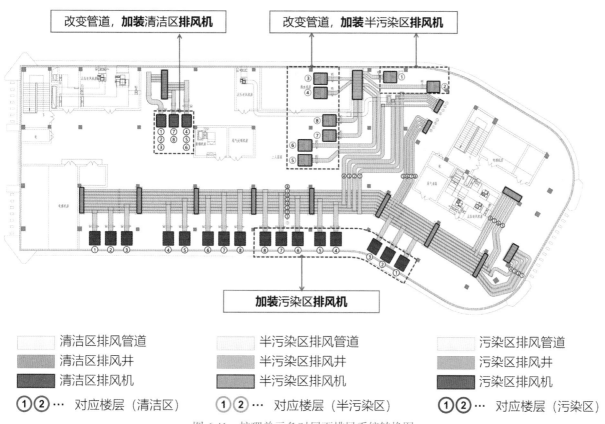

改变管道，**加装清洁区排风机**

改变管道，**加装半污染区排风机**

加装污染区排风机

清洁区排风管道	半污染区排风管道	污染区排风管道
清洁区排风井	半污染区排风井	污染区排风井
清洁区排风机	半污染区排风机	污染区排风机
①②… 对应楼层（清洁区）	①②… 对应楼层（半污染区）	①②… 对应楼层（污染区）

图 6.41 护理单元急时屋面排风系统转换图

（4）新风定风量阀带电动执行器，当病房作为非呼吸道负压病房时风量设定值为低档风量（手动），当病房切换为呼吸道负压病房时风量设定值为高档风量（手动）。

（5）当病房进行消杀、更换滤网时，关闭房间新风系统和排风系统上的电动风量阀。

（6）送风机、排风机为变频控制，由管路末端压力传感器（暖通调试后确定定压点及压力值）控制。

（7）病房排风管道上的电动风量阀根据缓冲区与病房之间的压差传感器控制，保证压差值。总之，将综合院区普通病区转换成负压病区是一项非常重要的工作。转换时，需要注意安装设备、新风系统分区，增大新风量和排风量等关键点，确保转换的有效性和安全性。

6.7.2 其他机电系统的平急两用设计

为了防止病原体在护理单元的水体中跨区传播，造成交叉感染，给水排水系统的设计应该遵循分区设计原则，并防止水流倒回，具体细节依据给水排水专业相关要求设计。同时给水排水系统宜预留在应急状态下改造扩建的接口和施工安装条件：给水系统预留成套供水设备，室外排水系统预留消毒处理设施。值得注意的是，电气系统的智能化设计能够提高医疗效率，改变医疗模式，降低交叉感染的风险。综合院区护理单元首层排水系统见图 6.42。

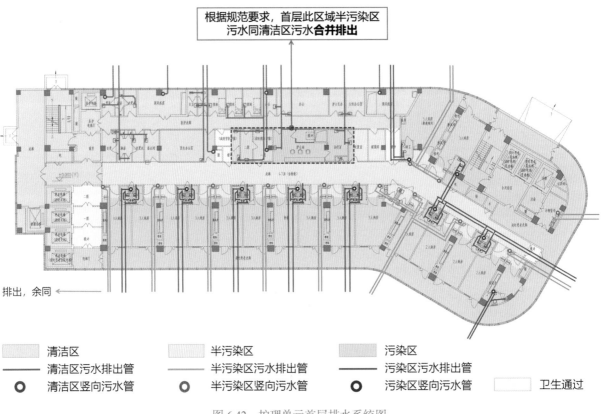

图 6.42 护理单元首层排水系统图

护理单元的弱电系统对于提高医护人员工作效率和医疗质量有着至关重要的影响。在本项目中，除了基础的医院专用系统（手术示教系统、远程会议系统等），还引入了负压病房压力监控系统、智慧病房交互系统、病区综合呼叫系统等。

负压病房压力监控系统可以实时监测负压病房内的压差，帮助护士及时采取措施保证空气流向的正确性，如图 6.43 所示。

智慧交互系统可以帮助护士在护理走廊内完成与患者的交流和监视工作，避免不必要的污染区往返，提高工作效率，降低感染风险，如图 6.44 所示。

此外，病区呼叫对讲系统可以实现医生、护士和患者之间进行方便快捷的对话交流，提高工作效率

现代医院护理单元平急两用建筑空间设计

的同时有效减少卫生通过次数，降低交叉感染风险，减小医护人员的工作量。

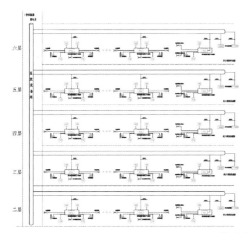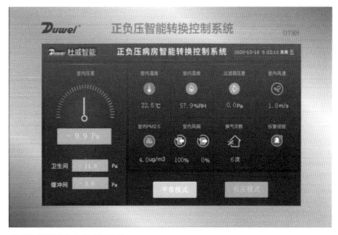

图 6.43　负压病房压力监控系统

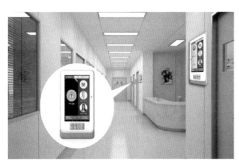

图 6.44　智慧交互系统

第 7 章

传染病医院护理单元平急两用设计

7.1 传染病医院平急两用分析

7.1.1 传染病的分类与传播途径

传染病是由各种病原体引起的能在人与人、动物与动物或人与动物之间相互传播的一类疾病，病原体可以是病毒、细菌、真菌或者寄生虫等。2020 年 10 月 2 日，国家卫生健康委员会法规司发布《中华人民共和国传染病防治法》修订征求意见稿，将传染病分为甲类、乙类与丙类。截至目前共确认 41 种法定传染病，其中甲类 2 种，乙类 28 种、丙类 11 种（表 7.1）。

传染病分类 表 7.1

分类	传染病名称
甲类	鼠疫、霍乱
乙类	传染性非典型肺炎、艾滋病、病毒性肝炎、脊髓灰质炎、人感染高致病性禽流感、麻疹、流行性出血热、狂犬病、流行性乙型脑炎、登革热、炭疽、细菌性和阿米巴痢疾、结核病、伤寒和副伤寒、流行性脑脊髓膜炎、百日咳、白喉、新生儿破伤风、猩红热、布鲁氏菌病、淋病、梅毒、钩端螺旋体病、血吸虫病、疟疾、人感染 H7N9 禽流感、新型冠状病毒感染、猴痘
丙类	流行性感冒、流行性腮腺炎、风疹、急性出血性结膜炎、麻风病、流行性和地方性斑疹伤寒、黑热病、包虫病、丝虫病、其他感染性腹泻病、手足口病

（数据来源：中国疾病预防控制中心，表格自绘）

传染病的流行具有三个基本条件，包括传染源、传播途径和易感人群。常见的传播途径有空气传播、飞沫传播、气溶胶传播、呼吸道传播、消化道传播、接触传播、虫媒传播、血液和液体传播、性接触传播、母婴传播。

根据传染病流行的基本条件可知传染病的预防有"控制传染源、切断传播途径、保护易感人群"的三个基本环节。根据各种传染病的传播特点，采取适当的预防措施，防治传染病的传播。

7.1.2 传染病医院的发展与经验

1.传染病医院的经营困境

传染病医院是国家公共卫生体系的重要组成部分，在国家公共卫生事件中发挥着不可替代的作用。尽管在欧美国家以及日本等发达国家和地区中，并未将传染病医院作为独立的专科医院设置，而是在综合医院中的特定区域收治相关患者。但是我国人口基数大，医疗卫生水平还难以比肩发达国家，且地区之间发展参差不齐，所以我国需要独立设置传染病医院。

不同于综合医院及其他专科医院，传染病医院的患者相对单一，就诊患者少，且传染病医院护理单元需要按照"三区两通道"原则设置，加之设备、消毒、防护要求高，因此传染病医院收治成本较高。即使政府每年拨款投资，大多数传染病医院仍然面临入不敷出的窘境。其次，由于传染病具有流行性与传染性的特性，普通群众都对传染病医院抱有偏见、歧视与排斥。因此平时经营困难，急时难以提供足够床位，传染病医院的保留与撤除问题一直备受争议。例如，作为国家传染病医学中心的北京地坛医院，曾在 2003 年受到医疗机构结构性体制改革影响，面临是否撤除该传染病医院将其合并于北京佑安医院的抉择。但是同年非典疫情暴发，其在疫情抗击中发挥了极其重要的作用，很大程度上缓解了疫情期间床位紧张的问题。

非典疫情之后，国内一时间掀起传染病医院建设的浪潮。如图 7.1 所示，2004—2007 年间，传染病医院数量由 133 家增加到 157 家，短短 3 年中新增 24 家传染病医院，增长幅度历史新高。在此之后，国内传染病医院数量一度负增长，2008 年下降至 154 家，之后传染病医院数量呈缓慢增长或零增长。研究显示，2007 年 148 所传染病医院中，有 63.51% 的传染病医院出现运营亏损，当年结余占总支出比例大于 5% 的仅 12 所。个别医院甚至出现流动资金不足，长期无法偿还药品债务而被药商起诉最终关闭的情况。

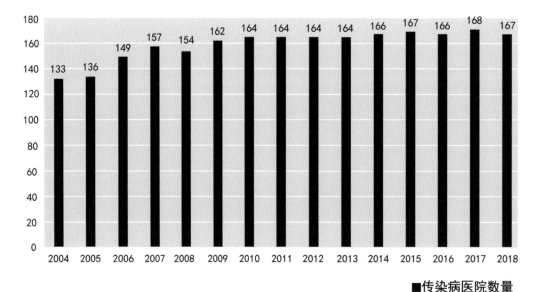

■传染病医院数量

图 7.1　2004—2018 年传染病医院数量

（数据来源：中国疾病预防控制中心）

2. 传染病医院的转型发展

为缓解传染病医院的平时运营压力，满足基本的收支平衡，更好地应对突发疫情，在抗疫过程中发挥重要作用，大多数传染病医院开始谋求转型，寻找适合传染病医院的医疗发展模式。其中综合化转型受众度最高，提出了"大专科、小综合""大专科、大综合"和"精专科、强综合"等发展模式，如表 7.2 所示。

传染病医院发展模式 表 7.2

发展模式	运行方法	阶段
大专科 小综合	巩固扩大传染病科专科位置，以传染病科为主，建立少量与传染病科相关的综合科室，形成"一站式"服务	初级阶段
大专科 大综合	一方面要具备传染病综合医疗能力、提供全方位医疗服务；另一方面要结合医疗市场需求以及医院实际情况，服务周围居民，逐步向综合医院转型	中级阶段
精专科 强综合	进一步提高医疗技术水平，打造实力雄厚的具有传染病专科特色的综合医院。传染病专科要精专发展，能从容应对疑难复杂的传染病，成为本地传染病权威诊治中心及突发公共卫生事件医疗救助中心	高级阶段

所谓"综合转型"，就是要把"传染病"作为医院学科的特色，并以"传染病专科"为中心，扩展相应服务范围。但与此同时，也要重视传染病专科与新型综合性学科的相互联系，一方面，要避免将一家传染病医院变成一家单纯的综合性医院，以免在综合化进程中丧失其自身的特点和优势；另外，要对综合学科的服务进行清晰的定位，如果综合学科只为传染患者提供服务，而没有为本地的一般民众提供服务，因为传染病患者的数量很少，所以其业务规模也会很小。因此，在这一过程中，综合性学科的人员不能获得足够的训练，相应的资源也不能被充分利用，会导致医院经营困难。如服务对象为当地的普通居民，那么在建立综合学科之前，要对当地的医疗需求、经费来源、设备和人才引进、技术保障、预期的社会和经济收益等方面的情况展开全面的分析和论证，在满足周围普通居民的就医需求的同时，还可以培养出一支综合学科的人才队伍，并且可以让综合学科更好地支持传染病学科，提升对传染病患者的诊断和治疗能力。

综上所述，传染病医院本身具有一定的发展局限性，当前阶段，新发呼吸道传染疾病的暴发为我们敲响警钟。传染病医院的发展方向与当前现状皆是传染病医院护理单元设计的考量因素。

7.1.3 传染病医院平急两用建设难点

1. 标准相对概括，施行能力较弱

在 2020 年新冠疫情发生之后，我国各地加强了对公共卫生突发事件的管理，并对公共卫生防御体系进行了重构。例如武汉区域，分别于蔡甸区、江夏和黄陂、新洲 4 个地区建成三甲综合医疗中心，"四区两院"重大工程正式开工。一方面，在四个新区新建平急两用医院有利于提升城市医疗资源配置的合理性，另一方面也有利于弥补城市传染病医院床位不足，提升城市应对突发公共卫生事件的救治能力。该项目于 2020 年 7 月正式开工，建设开启时间较为仓促。项目开始建设后，传染医院、发热门诊的相关建设标准与建设规范仍在不断调整，此种现象造成了医院建设完成后，部分空间不符合现行规范、条例而使用困难或无法使用的窘境。

以发热门诊设置的文件要求为例，自 2003 年 SARS 疫情后，国家规范就要求二级以上的综合医疗机构设置独立于其他建筑布局的"发热门诊"，但是相关文件建设要求较为概括。2020 年新冠疫情暴发，同年 7 月国家卫生健康委员会发布发热门诊建设标准，次年 8 月，又印发《发热门诊设置管理规范》，进一步对发热门诊的设置做出要求。相较于 2020 年版本，新发布的管理规范要求发热门诊设置于医疗机构独立区域的独立建筑，标识醒目，具备独立出入口。强调布局符合呼吸道传染疾病防控要求，且与其他区域间设置"硬隔离设施"，新建发热门诊与周围建筑间距不小于 20m 等，如图 7.2 所示。

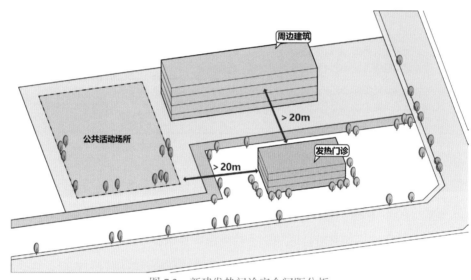

图 7.2　新建发热门诊安全间距分析

2. 建设规模与盲目建设导致的资源浪费

在医院总体规划方面，很多医院一方面对当地城乡居民城市化进程没有一个科学的认识，医院建设进程缓慢，医疗资源相对匮乏，不能满足当地居民不断增长的医疗需求。另一方面，需要根据当地人口情况确定传染病医院规模，但有些医院过度追求当下利益，无节制扩大医院建设规模，导致资源浪费、功能空间联系不足、机构分散、资源利用率低、医护人员过剩。平急两用医院应根据人口规模确定医院建设规模，防止平时资源浪费，但要做好应急预案，当疫情超规模发展时可在预留应急用地建设应急用房。

7.2　总体规划平急两用设计

7.2.1　基于国家标准选址

新建传染病医院的选址应符合国家标准和规范，并且与传染病医院的平急两用设计需求相结合，包括城镇规划、区域卫生规划和环保评估要求等，这是保障人民生命健康的基本要求。同时，基地应交通方便、环境安静、远离污染源，以保证治疗效果。用地宜选择地形规整、地质构造稳定、地势较高且不受洪水威胁的地段，确保医院的安全性。选址要尽量远离城市中心，尽可能减少对周边环境的污染，保障人民的生命安全。但过于偏僻遥远的选址会导致经营困难，用地应交通便捷，为医院的运营提供便利。特别是新建传染病医院，选址时需要考虑急时紧急救治的需求，也要考虑平时高效地利用周边资源，减轻国家财政负担。

平急两用指南中明确了定点医院的选址应满足平急两用、平急转换需求，指出了新建定点医疗机构室外场地应能合理、高效地响应功能转换需要，具有较开敞的集散空间，便于医疗流程开展和物资运输，满足消防疏散和救援等相关消防设施的设置要求。除此之外，定点医疗机构应远离水源保护地、居民区、学校、儿童活动场所、老年人设施等，并应符合下列的规定：

（1）与周围建筑或公共活动场所距离不小于20m。

（2）发热门诊场地及周边应具备良好的地质条件、齐备的市政设施、便利的交通设施，市政设备管网具备转换、增容条件。

7.2.2 根据防控等级灵活转变的总平面布局

现代传染病医院的总平面设计应考虑"控制传染源、切断传染链、隔离感染人群"的需求，以保证医院的安全性、高效性、可变性。以此为依据，传染病医院在规划之初应考虑以下几点分区理念。

1.病种分区

传染病医院中各类传染性疾病的传播途径不同，因此，根据传染病的传播特性进行患者分流是防止患者在就诊时出现交叉感染的重要途径。由于各类传染疾病中，呼吸道传染病的传播速度较快，且传播途径为空气，难以人为控制，因此传染病医院一般将患者区分为呼吸道传染病患者与非呼吸道传染病患者。例如：多数医院在门诊空间的病种分区中，将门诊划分为呼吸道门诊与消化道门诊；住院楼也根据患者划分为呼吸道与非呼吸道楼栋。以南京市公共卫生中心为例，院区内根据传染病种不同，结合建筑基地环境风向，将病房楼按病种分类规划，各区之间相对独立（图7.3）。

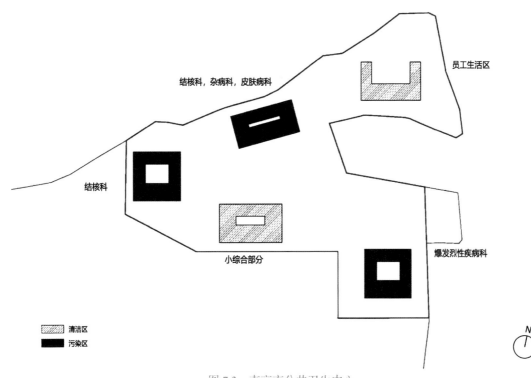

图7.3 南京市公共卫生中心

（图片来源：南京公共卫生医疗中心）

在当前全球性的传染病疫情下，疾病预防控制变得尤为重要。为了应对呼吸道传染病疫情，需要建立专门的医疗机构来收治病人，同时为了保证病人治疗期间的安全，需要进行总平面规划。总平面规划将建筑划分为呼吸道传染病区和非呼吸道传染病区，二者位于独立的建筑中，有独立的出入口和卫生间，以确保病人和医护人员不会交叉感染。此外，呼吸道传染病患者收治建筑也需要位于常年主导风向的下风向，以保证病毒不会在周围扩散。在疫情暴发时，根据疫情规模酌情将建筑转为应急状态，所有区域收治疫情中的感染患者，原有住院患者将转院。这样的设计能够更好地保证医疗资源的有效利用，避免病人聚集。除此之外，对于类似奥密克戎变异毒株的感染者，需要与其他非变异毒株感染者分开诊治，两者的救治空间要有严格的物理隔断，防止交叉感染，这样能够更好地保证治疗效果和病人安全。

2. 交通流线组织

传染病医院的建设和管理变得尤为重要。为了降低交叉感染风险，传染病医院需要设置多个对外出入口，不能都与同一条城市道路连接。这样可以减少患者、医护人员和家属的交流，从而降低传染病的扩散风险。

除此之外，传染病医院内部也需要设置专用出入口和流线。在患者出入口处可以设置两条流线，一条通往非传染病区，另一条通往传染病区。不同功能建筑也要为不同人群设置专用出入口，这样可以有效降低交叉感染的风险。此外，在传染病疫情暴发时，全院所有建筑都将用于确诊感染患者的救治工作。

针对可能出现的变异毒株感染患者，最好将一个独立的区域划分出来，该区域与其他区域完全隔离，独立设置出入口和流线。这样可以避免变异毒株感染患者与其他患者接触，从而降低传染的风险。长沙市公共卫生救治中心就将发热门诊作为传染病疫情时期专门收治变异毒株感染患者的区域，进入该区域的入口是专用的独立入口（图7.4）。

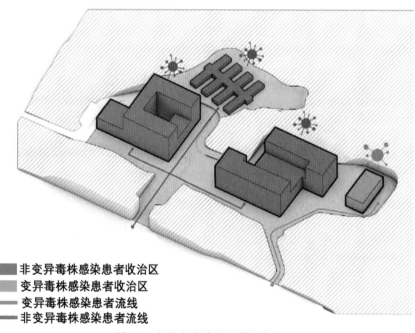

■ 非变异毒株感染患者收治区
■ 变异毒株感染患者收治区
—— 变异毒株感染患者流线
—— 非变异毒株感染患者流线

图 7.4 长沙市公共卫生救治中心

（图片来源：桂梓期，许赤士，钟倩如. 传染病医院设计探索与实践——以长沙市公共卫生救治中心原址改扩建项目为例[J]. 中国医院建筑与装备，2022(008): 000.）

3.洁污分区

在总平面建筑布局中，传染病医院应该将院区划分为污染区和清洁区。部分医院甚至划分为清洁区、半污染区、污染区。污染区和清洁区最好分别有独立的基地出入口，场地内清洁区应设置在常年主导风的上风向，场地内医疗垃圾和生活垃圾暂存用房等设施应设置在常年主导风的下风向。洁污分区有利于院感防控，可以有效地避免交叉感染，保证传染病医院的环境卫生。在保证院内分区布局合理的前提下，建筑应采用单体楼的形式，以多层建筑为主，各建筑单体均呈南北向布局，间距较大，门诊及住院楼组合为开敞庭院式布局，确保具有良好的自然通风和采光。这样可以有效地减少病人和医护人员接触传染源的机会，同时也可以降低传染病的传播风险。建筑应采用"集中"与"分散"相结合的系统化组合方式。过于集中的布局不利于医院防控措施的施行与管控，因此，建筑应适当采用"分散式布局"，将医院的不同功能区分散开来，以便更好地管理和控制。

4.预留应急场地

传染病医院应该预留应急场地和基础设施，并建设医护人员生活配套区。这样一来，当紧急情况出现时，可以迅速投入使用，而且医护人员也能够得到充分的休息和保障。传染病医院应该设置不同级别的常时和急时应急体系，并建立基于疫情等级的战时建设与动员机制。常时传染病医院可以承担小规模常见传染病的治疗、传染病研究和公共卫生宣传任务，急时，根据疫情情况设计应急传染病医院，起到应急作用。这样做的好处在于，可以根据疫情的严重程度灵活调配资源，从而更好地应对突发情况。

总之，建立一套完善的应急机制对于抗击疫情至关重要。通过预留场地和基础设施、建立不同级别的传染病医院以及基于疫情等级的战时建设与动员机制，可以更好地调配资源，提高应对突发情况的能力，保障人民群众的生命安全。

7.3 护理单元平面平急两用设计

7.3.1 护理单元平急两用的功能分区

1.以医疗行为分区

传染病医院护理单元主要使用对象为患者和医护人员。按照他们的主要医疗行为，将功能区域主要划分为：患者空间、医护空间与辅助空间。患者空间主要为病房及患者走廊；医护空间为医护工作用房及医护辅助用房；辅助空间为污物处理用房与其他辅助用房。功能区域划分详见表7.3。

功能区域划分示意表　　　　　　　　　　　　表 7.3

功能区域划分	患者空间		医护空间		辅助空间	
用房类型	病房	患者走廊	医护工作用房	医护辅助用房	污物处理用房	其他辅助用房
功能用房	普通病房、负压病房、负压隔离病房等	患者走廊等	医护办公、示教室、护士站、治疗、处置等	值班室、更衣室、卫生通过等	污洗、污物暂存等	配餐间、开水间、库房等

2. 以感控要求分区

根据《传染病医院建筑设计规范》根据病原体生物在室内的污染情况，传染病护理单元的功能用房可分为三级：清洁区、半污染区、污染区，需要根据各区域的不同需求实施不同的防控措施。感控分区见图 7.5。

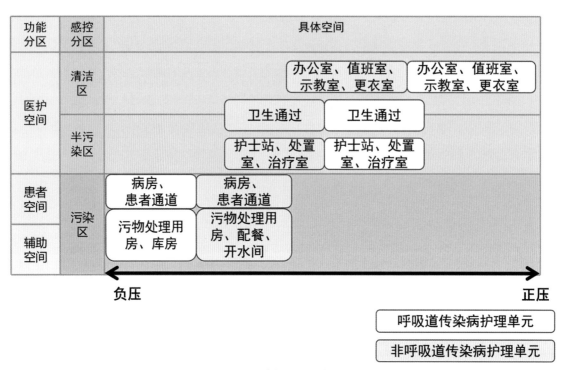

图 7.5　感控分区示意图

3. 分区方式

由图 7.5 可知按照医疗行为划分的功能区域与感控分区大体重合，总体上医护空间位于清洁区、半污染区，患者空间、辅助空间多位于污染区。辅助空间中备餐间需要分设清洁区备餐与污染区备餐两区备餐间之间采用传递窗连接。采用一次性餐具时可将备餐间设置与清洁区，污染区设置残食暂存间。但是呼吸道传染病护理单元与非呼吸道传染病护理单元之间存在一些功能用房分区差异。呼吸道传染病护理单元病原体通过空气传播，半污染区相对而言具有疾病传播风险，医护人员需要穿着防护服在半污染区工作。在呼吸道传染病护理单元中，半污染区在三区之中起着重要的枢纽作用，医护工作人员主要在半污染区进行信息协调、物资传递等治疗支持相关工作，工作繁复且由于防护服穿戴原因，需要根据医护人员情况换班。因此，呼吸道传染病护理单元洁污分区中，一般半污染区主要为护士站、处置室等治疗相关用房，配备少数医护办公用房，主要医护办公室及示教室等医护办公用房配置于清洁区。三区分设需要利用智慧医院相关设备，例如使用移动通信设备及移动终端（PDA）进行信息沟通及患者监护。

进行传染病医院护理单元平急两用设计时，可根据院方需求，精简半污染区功能配置，将主要的医护工作用房设置于清洁区。急时非呼吸道传染病护理单元转换为呼吸道传染病护理单元时，保留半污染区治疗相关的必需用房功能需要，其余房间可转换为卫生通过、物品暂存空间，作为弹性空间使用。

4. 急时细化分区

急时非呼吸道传染病护理单元需要转换为呼吸道传染病护理单元，三区之间划分更为严格，需要通过气压梯度管理防止空气流通，且医务人员进出三区、病室必须通过卫生通过与病室缓冲间。缓冲间分别设置于清洁区与半污染区、半污染区与污染区、清洁区与污染区之间，需分别设置医务人员进入与撤离通道，并设置实质性隔绝屏障，不可交错逆行。病室缓冲间设置于医务工作走廊与病室之间，病室门需安装观察窗，用于医护人员监查病房患者。细化分区如图 7.6 所示。

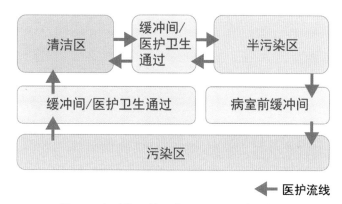

图 7.6　急时护理单元分区及医护流线示意图

7.3.2　平急两用传染病护理单元布局选型原则

传染病医院护理单元布局模式根据护理单元中清洁区、半污染区、污染区的平面组合方式划分为平行式、尽端式、复合式、并联复合式。选择适合的护理单元布局形式有助于患者康复和提高医务人员的工作效率。除以护理单元的安全性、高效性作为护理单元选型依据外，还将护理单元平急转换的适应性作为平急两用型传染病护理单元的选型依据，总结出较为适合的布局形式，如图 7.7 所示。

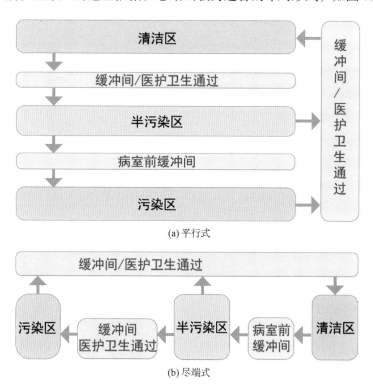

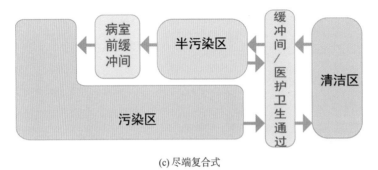

(c) 尽端复合式

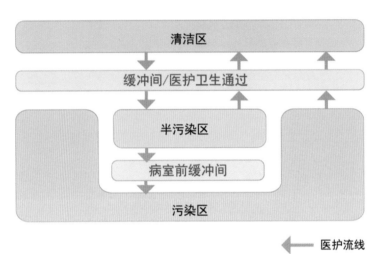

(d) 环绕复合式

图 7.7　传染病护理单元布局形式及医护流线示意图

1. 安全性原则

传染病医院护理单元相对普通综合医院护理单元具有较高疾病传播风险，且急时护理单元需要收治传播风险极高的呼吸道传染病患者，因此在考虑平急两用传染病医院护理单元布局选型时，安全性是第一考量因素。

急时医护人员的防护要求较高，医护工作者在进入半污染区时需要穿戴防护服，退出半污染区、污染区时需要消毒、脱防护服、淋浴更衣。需要设置除一更、二更外穿脱防护服的更衣空间（即卫生通过）。该空间可弹性设计，平时作为非呼吸道传染病护理单元中的医护办公室使用，急时转换为防护服更衣空间。防护服更衣空间的弹性设计需要考虑半污染区与污染区的排布方式，半污染区与污染区相接面积过小时，该部分空间布置会较为局促，在保证半污染区基础功能的前提下会出现难以布置更衣淋浴空间的问题。因此，平急两用型传染病医院护理单元选型应注意半污染区、污染区、清洁区之间的交接问题。既要考虑三区之间串联交通走廊的安全性，还要考虑三区相接面是否能合理布置弹性更衣空间用于急时转换。

如图 7.7 所示，平行式布局三区之间交通垂直连接，三区横向平行，接触面较大，可能存在传播风险，但横向接触面大有利于布置更衣缓冲空间。尽端式布局三区之间通过横向交通串联，污染区与清洁区间距较远，分区间比平行式布局三区接触面小，安全性高。但是纵向排布分区，各区之间纵向界面较小，平急转换时可布置更衣缓冲空间的面积较为局限，会导致二次更衣面积较小。复合式布局是由平行

现代医院护理单元平急两用建筑空间设计

式布局与尽端式布局相互融合而得，具有半污染区与污染区呈不完全平行，三区间接触面小的优点，可以保证护理单元的安全性。复合式布局可以进一步划分为尽端复合式和环绕复合式，环绕复合式一般适用于面积较小的医院。并联复合式布局是在复合式布局的基础上，将两个或三个护理单元统一布置的方法。该种布局模式一般呈回字形组合模式，清洁区、半污染区统一布置，呈平行状态，具有较大的接触面，方便合理布置二次更衣缓冲空间，污染区垂直于半污染区，一字排开布置。三区之间较为独立，安全性较高。

2. 适应性原则

护理单元在进行平急转换时，一般要根据急时需求对部分功能空间进行转换。相对综合医院护理单元平急转换，传染病医院护理单元平急转换所需转换的建筑空间较少，一般侧重于医护人员卫生通过与病房转换。例如，在病室转换上，《公共卫生防控救治能力建设方案》明确指出，要在县一级重点改善一所县级医院（含县中医院）基础设施条件，建设可转换病区，扩增重症监护病区，一般按照 2%～5%设置重症监护病床，平时作为普通病房，并依据医院的大小和需求，配备呼吸器等基本的医用器材，急时可以实现快速转换。由此可见，传染病医院护理单元平急转换除需要将非呼吸道传染病病房转换为呼吸道传染病病房外，部分还需要转换为 ICU 病房。因此，在用地较为紧张的当下，护理单元布局需根据对床位数量和收治空间的设计考量比重需要酌情增加，以应对急时护理单元病房转换。上述几种布局模式中，平行式布局病房相对其他几种类型较少，尽端式布局可最大程度布置病房，但有一半病房难以获得良好采光条件。

3. 高效性原则

提高医护工作人员巡行效率是护理单元设计中的重要一环。急时传染病护理单元中医护人员工作强度高，且需长时间穿戴防护服，工作难度大。因此选择巡行效率高的护理单元布局形式至关重要。尽端式布局中护士站位于护理单元一端、巡行效率较低，平行式布局中尽管护士站可设置于中间，但是病房单侧布置同样会造成巡行效率下降。复合式布局结合了平行式与尽端式布局的优点进行改良，巡行效率较高，且医务人员具有较好的巡行视域。并联复合式布局一般采用集中布置大型护士站的方式，其巡行效率相对复合式布局较低。护士站布置如图 7.8 所示。

	病房
★	护士站

(a) 复合式   (b) 平行式   (c) 尽端式

图 7.8　护士站布置示意图

4. 其他性能考量

除上述几点，护理单元选型中还应重视患者、医护人员使用的舒适性与护理单元布局经济性两方面的考量。舒适性方面，平行式布局全部病房、清洁区医护用房可获得良好的自然采光条件，但半污染区医护工作用房的自然采光面较小，需要依靠人工照明；尽端式布局半数病房难以获得良好的采光条件，但相对平行式布局半污染区采光面较大。复合式布局部分病房自然采光条件较差，半污染区与清洁区采光条件与尽端式布局基本相同。并联复合式布局病房皆可获得良好的自然采光，但占地跨度大，交通面积大、经济性较差。

5. 对比总结

根据上述内容，笔者将四种布局模式以 1～4 级进行划分，总结各布局模式的等级总数得出较为适用的平急两用护理单元布局形式，如表 7.4 所示。

护理单元布局对比 表 7.4

布局方式	安全性	适应性	高效性	舒适性	经济性
平行式	1	1	1	4	2
尽端式	4	4	2	1	3
复合式	3	3	4	3	4
并联复合式	2	2	3	2	1

综合比较下，复合式布局更符合平急两用型传染病医院护理单元选型需求，现阶段此新建平急两用型传染病医院中，此种布局也最为常见，能够很好地适应不同建设面积下的需求。

7.3.3 护理单元平时流线组织

1. 人员流线

1）患者流线

患者流线比较清晰，患者在入院大厅做基本的登记后，经患者电梯到达护理单元，后穿过污染区患者走廊进入病房。当患者需要外出检查或者痊愈出院时，则需要经过污染区医护走廊及患者专用电梯离开护理单元。如图 7.9 所示。

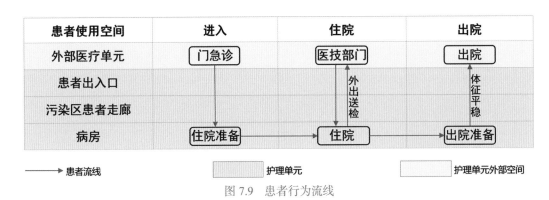

图 7.9 患者行为流线

2）医护流线

在传染病医院护单元内，医务人员所处的区域最大，是最活跃的因素。由于医务工作者的工作环境中会有较多的病菌，工作中与传染性疾病的病人接触时会携带一些病菌。为了避免医护人员与病人接触时交叉感染，引起传染性疾病外溢，医护人员出入工作区域的出入口应当按照相关的卫生规范，设立卫生通过。部分医院还设置常服更衣室，医护人员进入护理单元后先通过更衣室更换常服，在清洁区工作；进入半污染区工作时需在卫生通过进行卫生处理（包括换鞋、更衣等）后进入（图7.10）。

非呼吸道传染病护理单元中，医务工作者在污染区工作后一般需要净手消毒，因此半污染区医护工作走廊一般设有净手设备，医务人员在进入污染区病房前需净手消毒，同理返回半污染区也需要净手消毒，防止疾病传播。

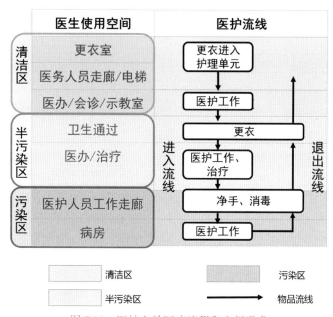

图 7.10　医护人员医疗流程和空间需求

3）家属与探访流线

家属和探访人员在传染病医院护理单元的活动主要取决于医院的探视管理方式。对于传播风险较大的传染病，一般不允许探视。一些医院会设置视频探视间，方便家属利用视频了解病人状况（图7.11）。

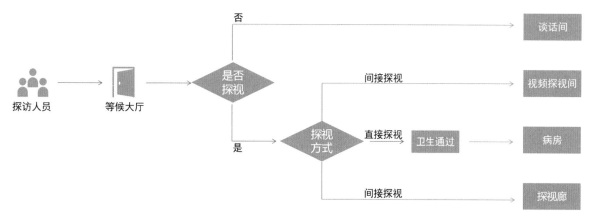

图 7.11　家属/访客流线图

2. 物品流线

传染病医院护理单元中流动的物品包括标本、仪器、被服、一次性医用耗材、药品、餐食等（图7.12）。需要在医院管理模式的规定下对这些物品进行流通方式和流通量的控制。同时，为了保证护理单元内的环境卫生和病人的健康安全，这些物品需要按照洁净等级进行分类管理，并且必须遵循洁污分离原则。

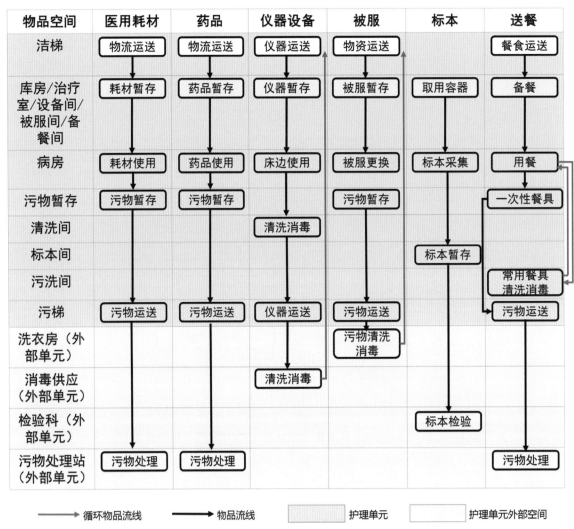

物品空间	医用耗材	药品	仪器设备	被服	标本	送餐
洁梯	物流运送	物流运送	仪器运送	物资运送		餐食运送
库房/治疗室/设备间/被服间/备餐间	耗材暂存	药品暂存	仪器暂存	被服暂存	取用容器	备餐
病房	耗材使用	药品使用	床边使用	被服更换	标本采集	用餐
污物暂存	污物暂存	污物暂存		污物暂存		一次性餐具
清洗间			清洗消毒			
标本间					标本暂存	
污洗间						常用餐具清洗消毒
污梯	污物运送	污物运送	仪器运送	污物运送		污物运送
洗衣房（外部单元）				污物清洗消毒		
消毒供应（外部单元）			清洗消毒			
检验科（外部单元）					标本检验	
污物处理站（外部单元）	污物处理	污物处理				污物处理

——→ 循环物品流线　　——→ 物品流线　　▨ 护理单元　　☐ 护理单元外部空间

图 7.12　物品流程与空间需求

标本是传染病护理单元中非常重要的物品，包括血标本、尿粪标本等。采集这些标本后，需要在护理单元内部实验室检测或送往检验科检测，因此属于污染物品，需要进行严格管理和处理。除了标本外，仪器也是传染病护理单元中必不可少的物品。仪器分为每床必配仪器和单元共用仪器，空闲或使用完成时进行清洁消毒后暂存于仪器室。这样可以保证仪器的使用效果和病人的安全。其次，被服在传染病护理单元中也是非常重要的物品，由被服中心配送至传染病护理单元，储存于被服柜或被服间。使用后经消毒处理后装入专用被服回收箱进行回收，这样可以保证被服的卫生和病人的安全。传染病医院护理单元中的物品需要按照一定的管理规范进行分类、储存、流通和处理。这样可以保证环境的卫生和病人的安全。

在传染病护理单元内，药品和一次性医用耗材的供应是至关重要的。可通过医院物流系统或智能柜进行取用和管理，确保这些物品的准确性和及时性。在传染病区内，为保证患者的健康和安全，还要设置备餐间，专人派送餐食。患者用餐后，餐具需消毒处理，防止交叉感染。

在传染病区内，洁净物品和污染物品的处理也是必不可少的。为了避免交叉感染，这些物品需要通过不同的流线进行处理。例如，洁净电梯和污物电梯分别运输不同种类的物品。这样可以有效地防止交叉感染，确保患者和医护人员的安全。

此外，传染病护理单元内的标本、仪器等物品也需要进行有效的管理。根据实际需要，这些物品需要进行流线组织，以确保它们能够及时、准确地送达所需的地点。这样可以大大提高传染病护理单元的工作效率，为患者提供更好的医疗服务和照顾。在传染病护理单元内，各种物品的供应和管理都是非常重要的。通过科学、规范的管理方法，可以确保患者和医护人员的健康和安全，提高传染病护理单元的工作效率和服务质量。

7.3.4 护理单元急时流线组织

1. 人员流线转换

1）患者流线

急时患者进入护理单元流程与平时基本相同。急时患者流线设计应着重考虑区分患者进入护理单元流线与患者康复离开流线（图7.13）。需分别设置患者入院电梯与患者出院电梯，保证垂直交通独立互不交叉。在空间许可的情况下，尽可能使患者入院电梯与出院电梯分布于护理单元两侧。部分传染病医院会在患者出院电梯侧设置更衣缓冲空间，保证患者出院安全。

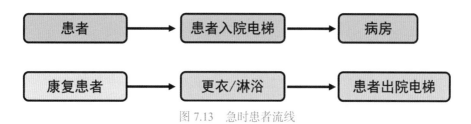

图 7.13　急时患者流线

2）医护流线

急时，对医护工作人员的防护措施要更加严格。医护人员需要穿戴防护服，由清洁区进入半污染区进行医疗工作时需要经过卫生通过，由半污染区进入污染区病房时，需通过缓冲空间。不同于平时护理单元卫生通过，急时卫生通过中一般还需设置缓冲间，用于脱掉外层防护设备，同时具有防止污染气体流窜的作用（图7.14）。

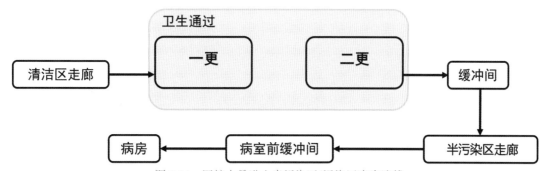

图 7.14　医护人员进入半污染区/污染区病房流线

平时非呼吸道传染病护理单元中，医护流线的规划只需做到医护人员由清洁区→半污染区→污染区的流线规划，对于医护工作人员在污染区工作后的返回流线没有过多规划，一般采用回流式，医护人员在污染区返回半污染区时，只需在病房前缓冲空间进行消杀，即可返回半污染区。

急时由于病原体会依附于防护服，若采取回流式的医护退回流线规划，会造成半污染区存在较高的传染病传播风险。因此，在传染病医院护理单元平急转换时，需要规划医护人员从污染区退回半污染区或清洁区的退回流线，以降低传染病传播风险。一般在患者走廊尽端设置缓冲空间及更衣空间作为医护退回的更衣缓冲间。

根据新冠时期医护人员的工作经验，防护服的穿脱流程较为复杂，且在大暴发时期，医院常面临物资紧缺的情况，防护服等医疗物资较为有限。因此，在考虑非呼吸道传染病护理单元的平急转换时，应进一步细化医护人员流线，将医护人员划分为不需要进入污染区工作与需要进入污染区工作两类。

（1）不需要进入污染区流线

半污染区医务人员不需要直接接触患者，往往通过传递窗与病房前通信设备完成基本护理工作，此类医务人员流线截至半污染区，工作环境相对安全。完成工作后通过半污染区的卫生通过，脱防护服，返回清洁区完成交接（图7.15）。

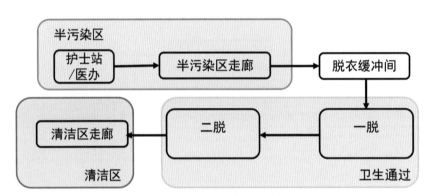

图 7.15　半污染区医护人员退出流线

（2）需要进入污染区流线

进入污染区实行救助诊疗操作的医务人员需从清洁区通过卫生通过进入半污染区，经病房前缓冲间进入污染区，完成工作后在污染区中的卫生通过脱防护服更衣后回到清洁区完成交接工作（图7.16）。

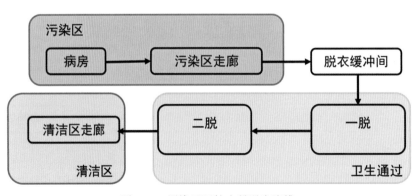

图 7.16　污染区医护人员退出流线

（3）家属与探访流线

急时，一般会取消家属与探访流线，但对于单独隔离的重症患者而言，长时间的卧床与隔离，会导致部分患者丧失求生意志。利用智慧医院手段，借助 5G 与超高清视频技术，采用家属探视系统即可高效解决取消探访造成的负面影响。家属探视系统如图 7.17 所示。

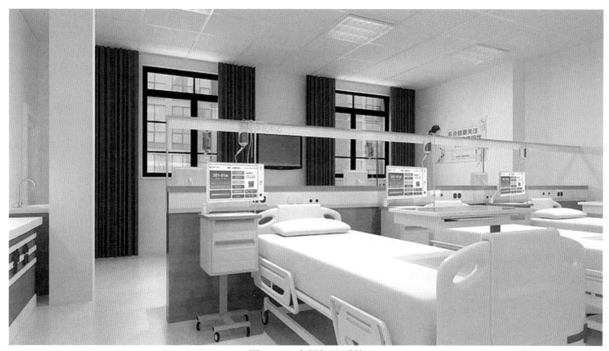

图 7.17　家属探视系统

2. 物品流线

急时物品流线与平时基本相同。在物资传递方面，物资由清洁区传向半污染区，传递方式为非接触式，物品传递一般通过物品传递间的传递窗或护士站传递窗传递。送餐方面，急时患者一般使用一次性餐具，使用后餐具通过污物处理流线处理。物品流线如图 7.18 所示。

图 7.18　物品流线

7.4　护理单元机电专业平急两用设计

呼吸道传染病病房中的病原体可通过鼻腔、咽喉、气管等侵入空气，以空气为媒介进行传播。呼吸道传染病护理单元设计中对空气中病原体的防护隔离手段分为两级。一种是通过服装防护，避免污染空气，达成传染病患者与医护人员之间的隔离，保障医护人员工作安全，主要通过医护人员穿戴防护服、眼罩、面罩等措施实现。另一种方式是通过机械设备防止空气中病原体外溢渗透至清洁区域，造成隔离区外人员感染。其措施包括：根据清洁程度合理划分功能区域，区分污染区、半污染区与清洁区气压梯度，控制污染气流方向、排水净化处理、自控系统等。其核心在于建筑平面布置与空调通风系统负压设置。各区域空调与通风系统独立设置，维持有序的压力梯度管理。

7.4.1 通风系统平急转换

1. 新风系统要求

国家相关规范对护理单元的新风系统换气次数、过滤器的设置、新风口位置等提出了具体的要求，见表 7.5。规范没有对非呼吸道病区过滤器的设置和新风口位置做出规定，暖通设计时建议设置粗效 + 中效过滤器，新风口设置在房间上部。

同样，国家相关规范对排风系统的排风量、过滤器的设置、排风口的位置等提出了具体的设计要求，见表 7.6。非呼吸道病区的清洁区排风没有相关规定，设计时建议排风量小于新风量，保持清洁区处于正压状态。各工况清洁区的排风均不要求设置过滤器。《传染病医院建筑设计规范》GB 50849—2014 不要求呼吸道传染病病区的排风系统设置空气过滤器，而《综合医院"平疫结合"可转换病区建筑技术导则（试行）》要求疫情时负压病房及其卫生间的排风机组内设置粗、中、高效过滤器，因此建议设计时呼吸道传染病病区污染区的排风系统急时工况设置粗效 + 中效 + 高效空气过滤器。

不同工况护理单元新风系统设计要求   表 7.5

工况	传染医院护理单元	
	非呼吸道病区	呼吸道病区
新风最小换气次数	3 次/h	3 次/h（清洁区）
		6 次/h（污染区、半污染区）
过滤器设置	—	粗效 + 中效（清洁区）
		粗效 + 中效 + 亚高效（污染区、半污染区）
新风口位置	—	房间上部

2. 排风系统要求

不同工况护理单元排风系统设计要求   表 7.6

工况	传染病医院护理单元	
	非呼吸道病区	呼吸道病区
排风量	—	小于新风量 150m³/h（清洁区）
	大于新风量 150m³/h（污染区）	大于新风量 150m³/h（污染区）
过滤器设置	—	粗效 + 中效 + 高效空气过滤器（污染区）
排风口位置	—	房间下部，房间排风口底部距地面不应小于 100mm

3. 护理单元内气流流向

在呼吸道传染病护理单元内部，为了保证空气流动的流向，必须要控制好从清洁区到污染区的气流顺序，以避免污染区的气流溢出。确保空气沿清洁区→半污染区→污染区→室外的流向有秩序地流通。且气流趋势与污染物重力沉降方向一致，有利于污染气体通过最短距离排至高效排风口后经消毒处理排出室外。因此，一般采用顶部送风、下部排风的气流组织方式。负压病房气流流向如图 7.19 所示。

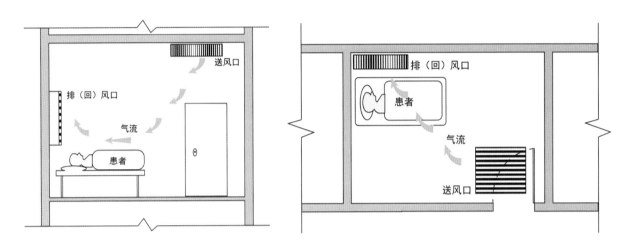

图 7.19　负压病房气流流向图

4. 压力梯度

气流的有序流动需要利用通风管道系统中送风与排风差值形成各区域之间的压差，从而防止污染气体在护理单元各区域之间流窜。不同区域间压力梯度的设置：一般清洁区按照正压设置，该区域的排风量小于新风量；半污染区同样需排风量小于送风量，但空气压力稍低于清洁区，维持微正压；污染区为负压区，该区域的排风量大于新风量。

常见的气压管理可分为三类。上述气压管理模式为第一类气压由正压→半正压→负压逐级递减的模式，护理单元内均采用机械通风。同时为保持清洁区正压状态，医护人员不能开窗通风，空间舒适度较低。且全方位使用机械通风设备成本投入较高，且建筑能耗较大。第二类气压管理模式是在第一类的基础上进行改进，污染区与半污染区气压保持负压与微正压状态，在清洁区与半污染区之间交通连接处设置缓冲空间，缓冲间使用正压，阻隔污染气体进入清洁区。这样一来，清洁区气压可采用常压，医护工作者可以开窗通风，办公环境相对舒适。其次，仅在污染区、半污染区与缓冲间使用机械通风能够减少能源损耗，更贴合绿色节能的建筑设计策略。第三类模式同样在第一类模式的基础上按照降低能耗的理念进行发展。在清洁区使用常压，以保证清洁区医护办公用房的舒适性，同时降低能耗。半污染区设置微负压，污染区为负压状态。即由半污染区开始，气压向污染程度较高用房呈递减状态，以此控制污染气流的流动方向。这种模式下病室排风量相较前两种最大，因此可能会造成病室区空间舒适度较低的情况。呼吸道传染病护理单元负压设置如图 7.20 所示。

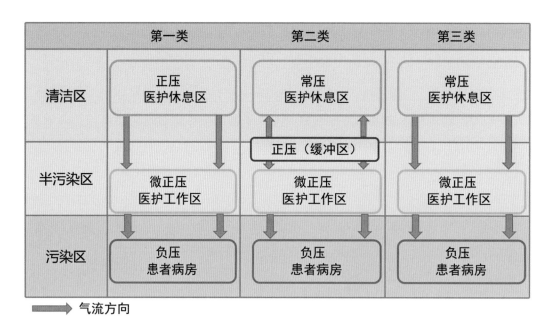

	第一类	第二类	第三类
清洁区	正压 医护休息区	常压 医护休息区	常压 医护休息区
		正压（缓冲区）	
半污染区	微正压 医护工作区	微正压 医护工作区	微正压 医护工作区
污染区	负压 患者病房	负压 患者病房	负压 患者病房

➡ 气流方向

图 7.20　呼吸道传染病护理单元负压设置图

呼吸道传染病护理单元病房前设有缓冲区作为过渡空间。空气压力状态为病房卫生间＜病房＜缓冲间＜患者走廊。其次，卫生通过中各房间之间也需设置不同气压，气压梯度表现为缓冲＞二脱＞一脱，防止医护人员更衣过程造成污染空气流窜。按照《传染病医院建筑设计规范》GB 50849—2014 和《传染病医院建筑施工及验收规范》GB 50686—2011 中关于负压病区空气压力的要求，在病区（隔离）内，应装有微压差计，且病区与其相邻或连通的缓冲室和过道，均应保证至少 5Pa 的压差。

5. 排风处理与节能

为防止呼吸道传染病护理单元污染气体排出后造成疾病蔓延，护理单元污染区中的排风经高效过滤器过滤后接至屋面高空排放。

由于呼吸道传染病护理单元负压病房新风需求高达 6 次/h，能耗比较大，系统设计时应尽可能采取排风热回收技术，最大限度地降低运行费用。

6. 平急转换暖通设计思路

为了保证平急两用型传染病护理单元的安全运行，护理单元需要根据呼吸道传染病护理单元所需配置通风系统。在平时，护理单元中各区域不开启气压管理，使用常压。而在急时，护理单元则需要启用机械通风设备。对于清洁区，需要先启动送（新）风机，再启动排风机。而半污染区和污染区则需要先启动排风机，后启动送（新）风机。

当需要关停护理单元时，清洁区需要先关闭系统排风机，后关闭系统送（新）风机。而半污染区和污染区则需要先关闭系统送（新）风机，后关闭系统排风机。此外，在启动和关闭风机时，各区之间需要按照污染程度进行顺序排列。即先启动或关闭污染区的风机，再分别启动或关闭半污染区和清洁区的风机。

普通护理单元平时正压区域建筑分区为二区二通道。在急时转换时，建筑专业需要把建筑布局从原来的二区二通道转换为三区三通道，暖通专业的转换需结合建筑布局的变化进行设计，具体设计思路如下：

1）新风系统

（1）平时新风系统为一个整体，急时结合建筑专业的分区将新风系统划分为清洁区新风系统、半污染区新风系统、污染区新风系统。

（2）新风管道、定风量阀按照急时设计。

（3）新风机组按照平时使用新风量配置，新风机房内预留急时需增加的新风机组安装位置。

（4）新风机组配置初效＋中效过滤器，预留亚高效过滤器安装空间。

2）排风系统

（1）排风系统按照清洁区、半污染区、污染区分别设置。

（2）排风管道按照急时设计，平时仅在卫生间设置排风口，在病床头部吊顶内预留下风口接口。

（3）排风机设置于屋面，每层排风通过竖井接至屋面高空排放。

3）急时病区切换措施

（1）安装设备：在预留的设备位置上安装新风机组、排风机组及相应的管道。在新风机组内安装亚高效过滤器。

（2）安装下排风口：在排风预留接口处安装下排风管、高效排风装置。

（3）改变新风系统上密闭阀的开/关状态，将新风系统转换为不同分区的独立系统。

（4）污染区病房新风支管上的电动两档定风量阀调至高档风量，打开污染区走廊里的电动定风量阀，污染区新风量增大至 6 次/h。

（5）启动排风支管上的电动密闭阀，根据病房与缓冲间之前的设定的微压差调节病房排风量。

平急两用型传染病护理单元的转换和配置需要加强管理、规范操作。通过合理配置通风系统，可以最大程度地保障医护人员和患者的安全。同时，在使用、维护和关闭护理单元时，需要严格按照规定的流程进行操作，确保传染病不会在医疗系统内进一步扩散。

7.4.2 排水系统平急转换

1. 给水系统设置

医院的平急两用设计应有效保证医院以正常成本满足平时的使用功能，又可以在急时快速转换为具有急时救治功能的医院。设计原则是保证供水量与水质，并且防止病毒借助水系传播。

为保证急时用水量，医护人员用水定额宜按照《综合医院建筑设计规范》中规定值的 1.2～1.3 倍确定，患者宜按照 1.1～1.2 倍确定。

为保证供水水质，给水引入管应单独设置，并应从清洁区引入；宜采用断流水箱及增压泵供水；给水系统应按照清洁区、半污染区、污染区进行分区供水，半污染区和污染区的给水干管上应设置防止回流的措施。

2. 排水系统设置

在医院建筑设计中，排水管网是一个非常重要的方面，需要细致地进行规划和设计。为了确保医院内排放的废水符合环保要求，需要采取一系列的措施，其中包括根据污染程度进行的区域独立设计。

在医院内，护理单元是非常重要的区域，因此在这些区域内排水系统应按照清洁区、半污染区和污染区进行划分。这种分类的设计可以有效地防止废水的混合和交叉污染，确保排放的废水符合环保要求。此外，污染区的污水排放装置应直接与预消毒池连接，排入化粪池灭火消毒后与废水一同进入医院污水处理站，以确保废水消毒彻底。

除了对排水系统进行区域划分外，排水通气管也需要独立设置。这是因为排水通气管能够有效地防止排水管道内的气体和异味污染室内空气。如果排水通气管不独立设置，将会给医院的空气质量和居住环境带来负面影响。

排水系统废气还需要经过高效过滤及紫外线消毒后排放。这是确保排放的废水符合环保要求的关键步骤。高效过滤和紫外线消毒能够有效地去除废气中的污染物和细菌，防止废气污染环境和危害人体健康。

7.4.3 护理单元电气系统平急两用设计特殊点

1. 配电系统设计要点

1）供电电源

根据护理单元的用电负荷等级，本工程电源可按以下条件设置：

（1）一般性护理单元，市政电网提供双路电源；

（2）对于呼吸道传染病护理单元，市政电网提供双路电源，还应自备应急电源；

（3）对于护理单元，要求恢复供电时间在 0.5s 以下的配置 UPS（不间断电源）。

2）配电系统

传染病护理单元用电设备多、线路应合理划分，保证配电系统可靠、高效地运行，配电系统划分应遵循以下原则：

（1）电热水器、护理单元通风与空调系统设备采用专线供电；

（2）不同清洁等级区域的用电设备应分开供电；

（3）配电设备应设置在清洁区域。

2. 压差监控系统要点

（1）负压隔离病房和与其相邻相通的缓冲间、缓冲间与医护走廊设计压差不应小于 5Pa。病房门口及护士站宜安装可视化压差显示装置。

（2）根据压差信号调整变频送排风机风量，维持三区（清洁区、半污染区、污染区）压力差梯度。

3. 其他方面要点

（1）负压隔离病房照度应提高一级设计，采用洁净密闭型灯具，光源色温小于 4000K、一般显色指数大于 80，避免眩光。

（2）病室、缓冲间、病房卫生间和污物走廊设置紫外线灯，采用专用开关距地 1.8m 安装，集中控制。

（3）根据医疗流线设计，在护理单元设置出入口控制系统，采取非接触方式（如面部识别门禁系统）实现负压病区 A/B 门连锁控制，预留接口紧急时开启。

（4）病房根据甲方需求设置视频监视系统。

护理单元配电干线系统如图 7.21 所示。

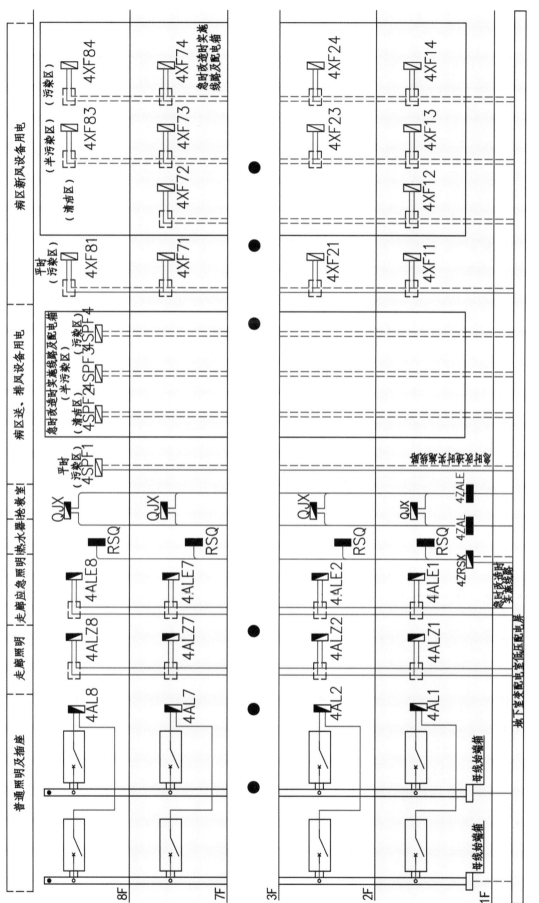

图 7.21 护理单元配电干线系统示意图

7.5 护理单元室内装饰材料

根据卫生学的要求，传染病医院必须做好隔离防护措施，从建筑布局到日常的卫生消毒防护措施，都应比综合医院更为严格。在装修上，墙面、地面都要求便于清洁和消毒，通风和采光也是装修中应该注意的地方，选用装修材料时应以保证环境的卫生和洁净为主要标准。传染病医院的护理单元装修应充分保证医疗空间的洁净标准和患者以及医院工作人员对于工作环境的要求，采用人性化的装修方式，结合绿色生态环境技术的运用，创造洁净、安全、舒适的医疗空间。

7.5.1 传染病医院室内装饰材料特性

1. 经济实用性

材料的实用性是保障施工顺利进行的前提，应提高材料的实用性，降低装修的装修的复杂程度。在满足医疗建筑使用功能的前提下，应尽量选择造价成本相对较低但是质量有保障且合格的材料。选用的材料既要适合医院使用条件，又要符合绿色材料标准。

2. 耐用性

在选用医院装饰材料时，需要考虑材料的耐用性。较好的耐用性材料不仅能够让建筑拥有更长的使用寿命，还可以有效减少材料的更换与维修的次数，从而节约成本。医院每天接诊大量病人，在为病人做各项检查或者医治的过程中，免不了会与各类化学药品或仪器设备打交道，而这些药品、试剂以及设备或多或少会与地面或者桌面接触，有些会发生化学反应，产生一定的腐蚀作用，医院的墙面、地面和桌面经过长时间的腐蚀，就会出现表面剥落、脱层等现象，破坏了建筑的使用功能和美观。相较于综合医院，传染病医院院内各空间的消毒清理工作更为频繁，因此在内装材料的选择上应更加注重材料的耐用性与防腐蚀性。

3. 易清洁性

医疗空间的洁净度要求比其他类型的建筑要高，内装材料的选择中，易清洁性尤为重要。传染病医院中易感人群较多，不做好清洁工作，就容易造成病毒的交叉感染。尤其是地面材料，应尽量避免选择易藏污纳垢的表面粗糙的地面材料以及凹凸表面的花样地砖。选择平滑的贴面材料时，也要考虑材料间的拼贴缝隙，若材料选择及施工工艺不到位，很容易造成地面材料与墙面材料的拼缝死角，难打理，易滋生细菌。选择易清洁材料时，可着重考虑速干、拼缝少、表面光滑无起伏的材料。可避免接缝处因蓄水导致灰尘附着而产生顽固污垢及滋生细菌。在此基础上，根据各个空间的功能，选取材料。

4. 防火性

医院属于一类防火建筑。医院内除了医护及探视人员外，多为病人。大部分病人因其自身疾病的原因，行动能力或多或少都受到一定限制，身体机能弱于正常人。因此为保证医院建筑内人员的生命安全，防火设计必须贯彻以预防为主、防消结合的方针，除了空间布局、管道设备的布置外，装饰材料的防火性也很重要。吊顶、墙隔断、变形缝、建筑构件以及窗帘等都应用绝对不燃或难燃材料，以抑制火灾的滋生和蔓延。

如今，大部分墙地面及顶面新型装饰材料都很好地做到了隔热阻燃，且材料多采用天然成分，绿色环保，燃烧后不会产生有毒气体。但需要注意，在设计时应尽量避免为了追求美观温馨而在人流量大的公共空间大面积使用织物等易燃材料。

5. 无菌性与抗菌性

医疗建筑室内装饰材料要尽可能选择无菌环保材料。有部分材料具有一定的污染性，会对人的健康造成破坏，在医院选材时更应该注重材料的安全性，在传染病医院内装选材中更应注重材料的无菌环保要求与抗菌性要求。空气传播是传染病医院中交叉感染的重要原因。在医院环境中，病原体主要来自于病患，病患大量流动导致病原体与医院空气中的尘埃粒子结合，附着在墙体上，飞落到地面上，在合适的环境下滋生繁衍，就可再次传播给医护人员以及就诊的易感人群。医院的治疗工作需要在安全健康的环境中进行，保持一个高抗菌性的质量环境，才能保证其治疗效果，降低交叉感染的风险。所以墙面材料基本都选择抗菌材料，比如抗菌墙板等。

6. 高科技化

高科技化是新型建筑材料的发展趋势。高科技材料的出现，解决了当前材料功能性与审美性无法兼得的难题，高科技材料也被大量的应用在医疗建筑中，如运用纳米技术，使材料表面具有清洁、防毒、防霉、抗菌的功效；还有能够减少热辐射的智能玻璃等。抗菌玻璃集安全性与功能性于一身，多被运用在清洁度较高的空间，如手术室。导静电或抗静电地板在放置大型医疗器械的空间中比较常见，医院走廊和病房中使用杀菌型彩色乳胶漆，高档病房中的壁纸均为掺有阻燃剂的防火壁纸。部分墙面漆具有吸水性，当房间的湿度较大时，它会吸收一些水分，而当房间干燥时自动释放水分，可达到智能调节室内湿度的目的。

7.5.2 传染病医院护理单元室内装饰材料选择

1. 地面材料

医院的地面材料分为硬质地面材料和软质地面材料两大类别，每个类别又分若干小类。硬质地面材料有石材、瓷砖、木地板等，软质地面材料有 PVC 卷材、橡胶卷材、亚麻卷材以及地毯。

优质天然花岗岩质地均匀、结构致密、吸水率低、耐磨性好、硬度及抗压强度高、抗酸/碱腐蚀性强、耐久性好，使用寿命可达上百年。加工性能好，可切、锯、抛光、钻孔，尺寸稳定性好。抛光的花岗岩板材还具有易清洁、光泽度高的特点。可用于医院首层大厅、电梯厅及相应走廊、步行街等人流量较大的区域。石材需要经过滑、抗污、耐酸碱、防水等工艺处理，一般使用年限长久。但防护处理不当易出现返碱、吸水污迹、酸碱性污染，影响美观性。

为避免拼缝过多难以清理，现医院地面多选择现浇磨石地面。现浇磨石地面硬度可达到 6～7 级，并且不开裂也不变形；且现浇磨石地面不起尘，洁净度高，可满足医院高洁净环境的要求；现浇磨石地面在制作之初可自定义配置颜色，并且花色可随意拼接。环保方面，无异味无任何污染，可放心使用而不用担心甲醛等污染。现浇磨石地面防火等级为 A1 级。但该材料早期承重、防水、耐腐蚀方面具有一定的局限性。灰色现浇磨石地面效果如图 7.22 所示。

米色+咖色无机磨石

图 7.22　灰色现浇磨石地面效果

地砖通常属于瓷质砖，易清洗、强度高、吸水率低、耐磨和耐酸碱性好。医院常用防滑地砖和耐酸洗地砖，这类地砖价格较低、尺寸齐全、色彩丰富。防滑地砖多用于一般公共卫生间、病房卫生间、洗浴间、厨房配餐间、楼梯间等的地面装饰，耐酸洗地砖常用于化验室、诊疗室、处置室、污物间等的地面装饰。医院瓷砖地面效果如图 7.23 所示。

但瓷砖拼缝多、整体感不强、耐酸碱效果一般，拼缝易藏污纳垢、防水但耐水性差、硬度大，鞋底触碰噪声大，易打扫但卫生死角难清理，洁净度不高，同时更换繁杂，可用 2～5 年。一般在传染病医院室内医疗区选材时尽可能选择其他材料。

PVC 地面材料是近年来医院新建项目及旧楼改造、翻修的首选，不含甲醛，绿色环保。色彩丰富，可任意设计拼图，装饰性好。轻质、韧性好、脚感舒适，可降低摔倒及受伤比例。安装简单、快捷。无卫生死角，易清洁，还能隔绝 15～19dB 的噪声，耐火性能达国标 B1 级。使用寿命较长，一般保质期为 5～10 年，且可翻新处理。由于传染病患者在病房停留时间相对较长，因此护理单元地面材料应绿色环保、易清洁、脚感舒适、无卫生死角等，因此护理单元地面多选择 PVC 材料。医院 PVC 地面效果如图 7.24 所示。

白色抗菌无机涂料　　　　可开启暗架矿棉板吊顶　　　浅咖色地砖

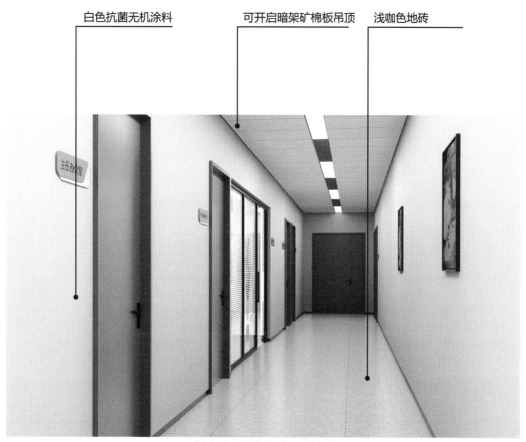

图 7.23　医院瓷砖地面效果

浅咖色抗菌釉面漆　深咖+浅咖PVC地面　　可开启暗架矿棉板吊顶　　　布纹医疗板

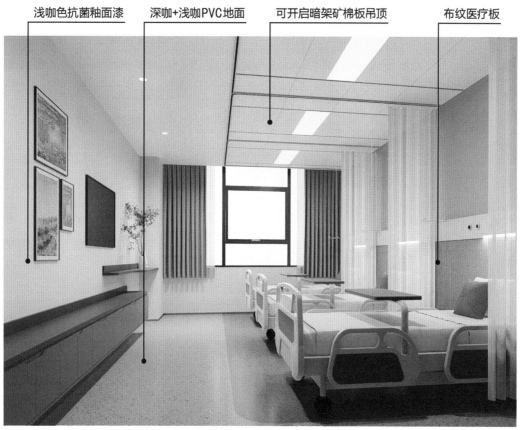

图 7.24　医院 PVC 地面效果

目前，新型环保地面材料除了上述所说的亚麻地板、彩晶石环氧地坪、锡钛消声地坪，还有环氧磨石等等，针对上述问题作出了有效的改进，可用作医疗建筑地面材料。环氧磨石地坪充分满足了医院对各区域地面功能的需求，塑造了良好的室内空间环境，缓解了患者和家属的心理压力；外观美观，定制的图案设计改变了医院冷清的形象，给医院环境带来了新的生机。环氧磨石地面不仅具有优良的物理性能，而且易于清洗、维护，降低了运行维护费用，减轻了医院经济负担。环氧磨石地面效果如图 7.25 所示。

图 7.25　医院环氧磨石地面效果

2. 墙面材料

墙面装饰最先进入并长期处于人的视线中，是室内设计中的重要部分。医院墙面装修材料要防火防尘、耐腐蚀、清洁难度低、使用年限长。医院墙面上容易残留脚印、血渍、碘酒、紫药水等脏污，因此，墙面应多考虑选用抗污性能较好的装饰材料。墙面装饰材料有瓷砖、壁纸、涂料等。目前医院多用环保型 PVC 墙面保护材料，这种材料质轻、防潮防蛀、耐腐蚀、阻燃、易安装。具有表面光滑、纹理多样、装饰效果完整等优点。除此之外，杀菌型乳胶漆、防火壁纸也常用于医院墙面装饰。近年来出现的新型墙面材料有：无菌釉面漆、医用抗菌树脂板、医用洁净板、陶瓷薄板、医用抗菌涂料等，针对一些常见的墙面材料经常出现的问题作出了有效的改进，是墙面材料的优质选择，逐渐在新的医疗建筑中广泛应用。其中无菌釉面漆具有抗菌、耐腐蚀、防火性能好的优点，因此在更加关注医疗属性本身的传染病护理单元墙面装饰材料中，多使用该类材质。釉面乳胶漆装饰效果如图 7.26 所示。

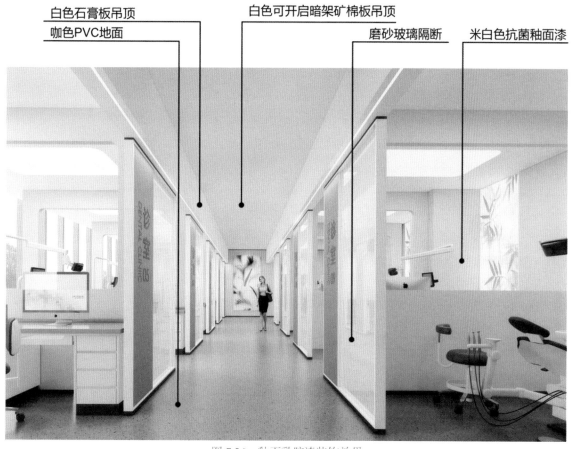

图 7.26　釉面乳胶漆装饰效果

3. 顶面材料

吊顶装饰不仅能满足使用功能，还有增强室内装饰效果的作用。装饰材料要简洁轻便、吸声防火、便于清洁，要满足顶棚内部设施设备安装使用功能的要求（如暖通、消防自动喷淋等）。

吊顶装饰材料主要由龙骨、吊杆和饰面材料组成。医院的吊顶一般以轻钢龙骨吊顶为主，轻钢龙骨具有强度大、通用性强、耐火性好、安装简易等优点，可装配各种类型的石膏板、钙塑板、吸声板、矿棉板、铝扣板等。医院吊顶设计除考虑材料选择外还需要兼顾后期维保需求，从医院防护、洁净度角度分析。在具有负压病房的传染病护理单元中，检修相对综合医院更为频繁，因此，需要选用可以承受人体重量的龙骨系统，避免在天花板内检修水电、通信管线时，导致龙骨系统损坏。

医疗公共空间适宜采用轻钢龙骨石膏板、硅酸钙板，石膏板质量小、强度高、防火、隔热、防潮、吸声、装饰效果好。公共空间适宜采用轻钢龙骨石膏板、硅酸钙板，而公共走廊、行政办公、科教室、检验、治疗、处置室等辅助用房，可采用凹槽龙骨的硅钙板或矿棉板做吊顶，这种材料具有吸声、防霉、质轻、易清洁、便于切割更换等优点。卫生间、浴室、餐厨等区域多选用铝扣板吊顶。石膏板结合复合板装饰吊顶效果如图 7.27 所示，矿棉板吊顶装饰效果如图 7.28 所示。

白色石膏板吊顶　　　　　仿木纹钢板墙面　　仿木纹铝矿复合板吊顶

仿大理石纹深灰色地砖

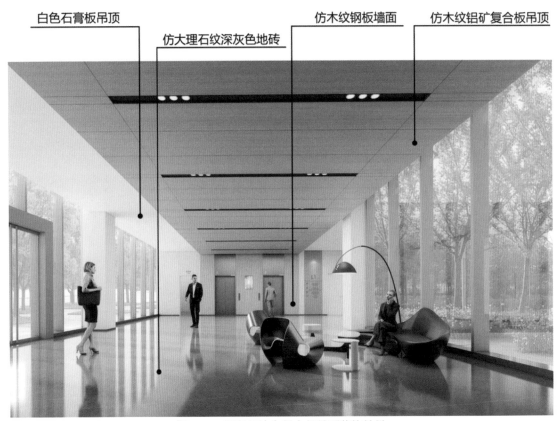

图 7.27　石膏板结合复合板吊顶装饰效果

可开启暗架矿棉板吊顶

浅咖色地砖　　　　　　　　　　　　　白色抗菌无机涂料

图 7.28　矿棉板吊顶装饰效果

4.建筑装饰配件及卫生洁具

装饰配件是室内装饰材料的一部分，其细节上也是不容忽视的。PVC 扶手通常安装在墙体两侧，可供使用者提供借力，而且颜色美观，可为单调的墙体增加一些色彩。PVC 防撞护墙板和防撞护角都是防撞抗击保护墙体的产品，分别是 PVC 和铝合金材质的，外面的 PVC 面板不仅防撞抗击效果好，而且还有多种颜色可以选择，装饰性好。内部的铝合金型材保证了产品的牢固度，延长了使用寿命。输液架轨道和医用隔帘是医院常用的医疗用品，它们可以有效地节省空间，提高医护人员的工作效率，医用隔帘通常安装在病床上方，可以用来分割空间，保障患者的隐私，而输液架轨道基本都是安装在医用隔帘的内侧，可轻松滑动，能更方便地辅助护士完成注射操作。可根据功能需求选择五金配件。传染病医院设计中应尽量减少传染病医院病人与室内五金配件及公用设施的直接接触，因此病人使用的公用卫生间应采用感应式的洗手盆及脚踏式或感应式自动冲水装置。

第 8 章

传染病医院护理单元平急两用重点空间详图设计

8.1 病房平急两用设计详图

本节列举了典型的传染病医院护理单元病房平急转换的两种类别，第一类是非呼吸道传染病病房转换为呼吸道传染病病房，第二类是部分医院设置可转的 ICU（重症监护病房），即在第一类的基础上，将呼吸道传染病病房转换为 ICU。

8.1.1 非呼吸道传染病病房转换为呼吸道传染病病房

传染病医院非呼吸道传染病病房主要包括肠道或肝病病房、艾滋病病房和普通病房（图 8.1～图 8.3）。呼吸道传染病对于病房隔离的要求最高，病房与半污染区医护走廊之间必须设立缓冲空间，病房中卫生间、缓冲间等需与病房外各走廊空间设置气压梯度管理，防止污染气体流窜。消化道传染病区最重要的是设置独立卫生间，患者产生的污水废弃物应当经独立消毒处理后排出。治疗虫媒传染病的诊疗空间应设置蚊虫诱杀设施，医护人员出入应注意洗护清洁消毒以防蚊虫传播疾病。血源性传染病在发生血液性接触时才会发生感染，因此防控要求比较低，无需特殊隔离防护，医护人员在治疗病人的过程中注意不要划破皮肤，诊疗空间设置必要的洗护设施以及感应式开关，医护人员进出诊室或病室需注意消毒。

根据上述传染病护理单元中各病房的设计需求对比可知，非呼吸道传染病病房与呼吸道传染病病房的主要空间差异在于病房前缓冲间的设置以及病房通风设备的差异。急时为方便护理单元快捷转换，新建平急两用型传染病医院护理单元病房一般都设有病房前缓冲空间，并配备负压病房所需机械通风设备。其次，在病房空间设计、材料选择等细节设计中，同样需根据呼吸道传染病护理单元中负压病房所需条件设计建造，以保证急时病房转换后的使用安全性。平时作为非呼吸道传染病病房使用时不启用设备，急时转换后启用设备。已建成传染病医院护理单元改造则需在病房前新增缓冲空间，且要重新配置相关通风设备。

名称	传染病医院 呼吸道传染病病房一
图示	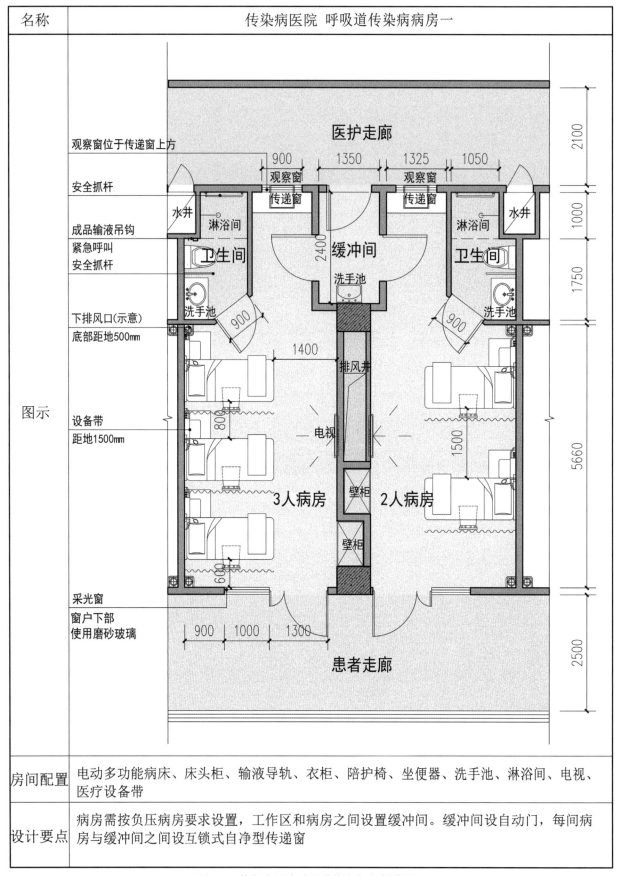
房间配置	电动多功能病床、床头柜、输液导轨、衣柜、陪护椅、坐便器、洗手池、淋浴间、电视、医疗设备带
设计要点	病房需按负压病房要求设置，工作区和病房之间设缓冲间。缓冲间设自动门，每间病房与缓冲间之间设互锁式自净型传递窗

图 8.1 传染病医院呼吸道传染病病房详图一

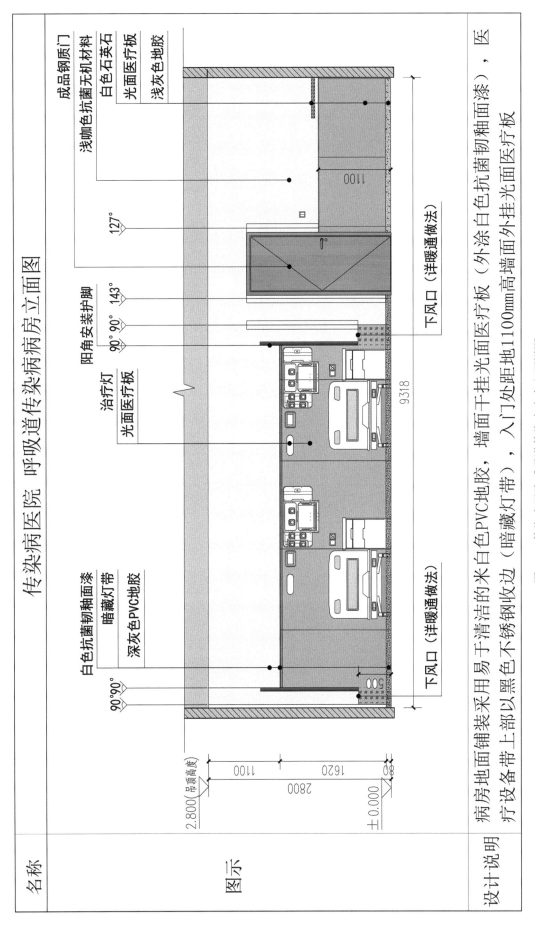

名称	传染病医院 呼吸道传染病病房立面图
图示	
设计说明	病房地面铺装采用易于清洁的米白色PVC地胶，墙面干挂光面医疗板（外涂白色抗菌韧釉面漆），墙面干挂光面医疗板（外涂白色抗菌韧釉面漆），医疗设备带上部以黑色不锈钢收边（暗藏灯带），入门处距地1100mm高墙面外挂光面医疗板

图 8.2　传染病医院呼吸道传染病病房立面详图

名称	传染病医院呼吸道传染病病房二
图示	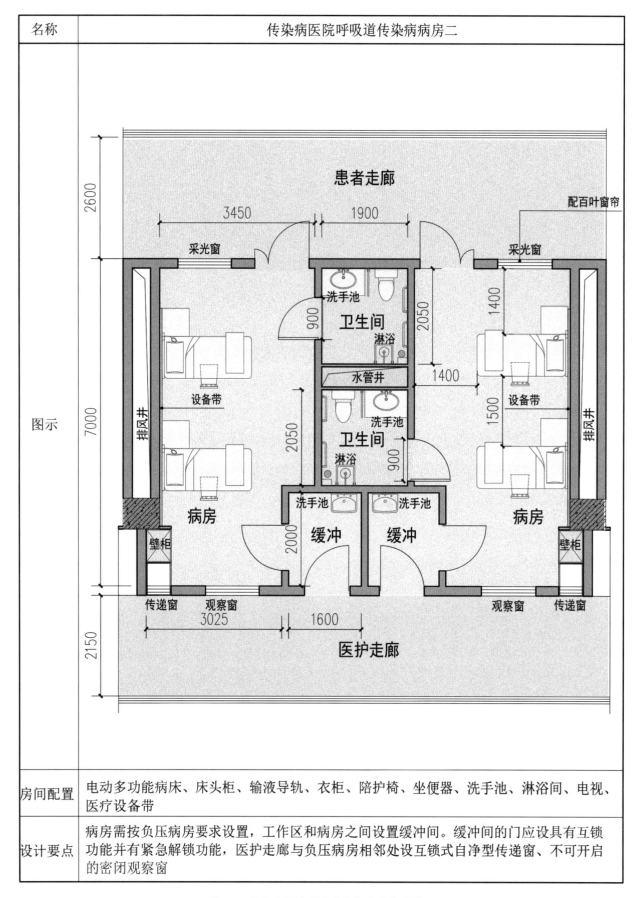
房间配置	电动多功能病床、床头柜、输液导轨、衣柜、陪护椅、坐便器、洗手池、淋浴间、电视、医疗设备带
设计要点	病房需按负压病房要求设置，工作区和病房之间设置缓冲间。缓冲间的门应设具有互锁功能并有紧急解锁功能，医护走廊与负压病房相邻处设互锁式自净型传递窗、不可开启的密闭观察窗

图 8.3 传染病医院呼吸道传染病病房详图二

呼吸道负压病房设计要点：

1. 气密性

负压隔离病房的主要用途是把病人跟周边的环境和人隔开，避免身体直接接触或空气交换，防止交叉感染。负压隔离病房的建筑主体必须达到气密水平，必须小心处理机电系统经过房间时与结构间的缝隙，负压隔离病房一般都会安装气密顶棚，提供气密保障。维修保养时，若开启顶棚，气密的有效性可能会降低，必须根据美国标准《用风扇增压法测定空气泄漏率的标准试验方法》ASTM E779-1重新进行气密测试。其次，负压病房门窗设置同样存在气密性要求，一般采用气密门及双向气密传递窗（图8.4），因为负压隔离病房的气密性极其重要。尽管负压隔离病房内的气流整体由室外流入，但房间周边均为负压隔离病房，若房间之间存在缝隙，便有可能存在相对正压，导致病人之间交叉感染。

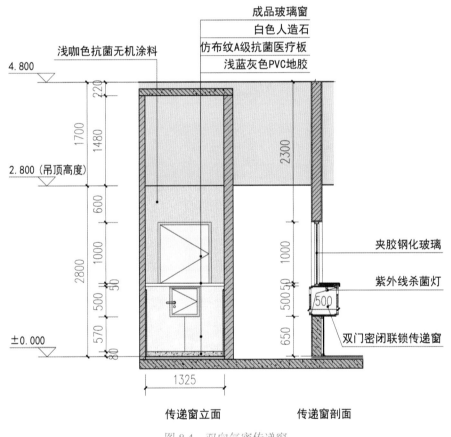

图8.4 双向气密传递窗

2. 气流方向

负压隔离病房设有独立的卫浴间和前室。前室和隔离病房内都设有新风和排风，卫浴设有排风系统。排风设备采用HEPA滤网，滤网可以有效地过滤微小的颗粒物，对于0.1μm和0.3μm颗粒物的有效过滤率达到99.7%，包括细菌、病毒、尘埃等。HEPA滤网是一种高效的过滤材料，可以过滤95%以上的细小颗粒物，确保病房内的空气质量。排风系统可以有效地控制室内的气流，保持气流新鲜、稳定，同时也能够排除危险化学气体和有毒物质。

各区域之间的气压设置存在差异,前室相对于走廊的压差为5Pa,隔离病房相对于前室的压差也是5Pa,气流根据气压梯度呈由医护走廊流向病房的流动趋势（图8.5）。这样的设计让前室作为一个屏障,阻止负压隔离病房的污染气体流到走廊。此外，前室和走廊之间的门也设计为连锁开关，避免两扇门同时打开，导致在失压的情况下隔离区的污气流向清洁区。病室中一般采用下排上送的排风方式，排风口位置较低，靠近病床，送风口一般结合天花板设置位于屋顶，有利于污染气体排出，保证患者的住院舒适度（图8.6）。

名称	呼吸道传染病病房气流示意图
图示	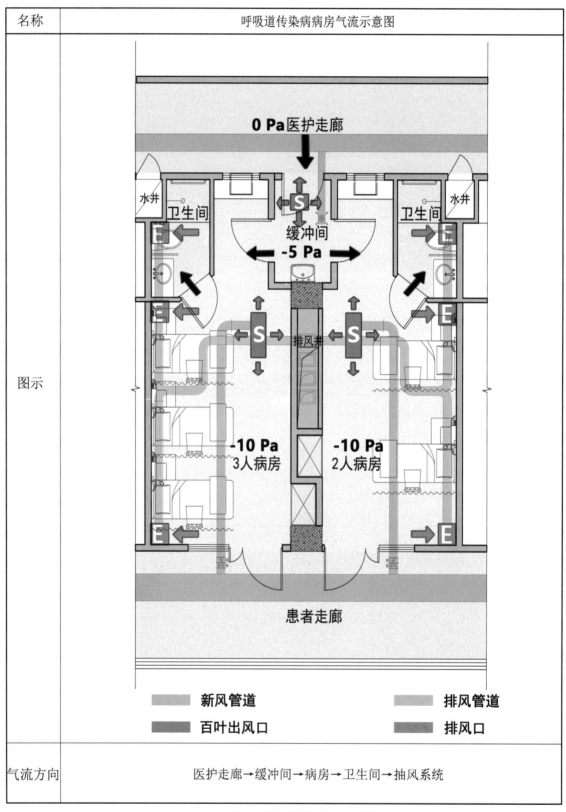
气流方向	医护走廊→缓冲间→病房→卫生间→抽风系统

图 8.5　呼吸道传染病病房气流示意图

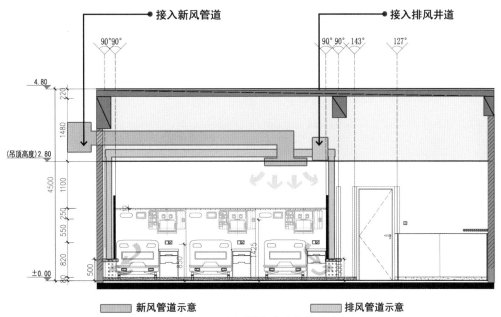

接入新风管道　　　　　　接入排风井道

新风管道示意　　　　排风管道示意

图 8.6　负压隔离病房气流方向

最后，过滤处理后的空气由独立的排风系统排放到屋面。这种排放方式可以确保空气不会再次进入病房，从而防止感染病毒和细菌。排风系统是医院必备的一项设施，它可以提供清洁、安全、舒适的环境，为医院的防疫工作提供了坚实的保障。在今后的疫情防控中，医院需要更加注重排风系统的维护和管理，以确保病房环境卫生，医护人员健康安全。

3. 安全防控

在负压隔离病房正式运行前，必须严格地按照程序进行测试工作，包括气密性测试、负压测试、风量测试、湿度/温度测试、气密门系统测试、后备系统测试、系统失效模拟测试等，确保系统顺畅。必须要测试个别部件不能正常运作时，系统的压力有无改变以及是否会引致气流流向改变，在负压隔离病房，气流流向改变是一个非常严重的问题，这可能会导致洁区被污染。

相对压力是较难被观察的。测试中，可用轻烟雾判断气流的流向，确定相对负压区域。而在医院的日常运营中，必须采用精准的压力计监测压力情况，在压力异常时提醒医护人员。因此，压力计最好安装于隔离病房和前室之间、前室和走廊之间便于观察的地方。而在正常运作的情况下，门会经常打开。如果门一打开，压力消失，警报便马上响起，对医护人员造成烦扰。久而久之，很可能会习惯性忽略警报。因此，设定警报时必须与使用者沟通，设定一个合理的缓冲时间。在实际的运作中，负压隔离病房也要定期进行烟雾测试，确保空气流向正确、压力计正常工作。

8.1.2　非呼吸道传染病病房/呼吸道传染病病房转换为 ICU 病房

据统计新冠确诊患者中有约 81% 为轻症，16% 为重症，3% 为危重症。2020 年统计数据显示其全国死亡率约为 3.9%，湖北以外死亡率约为 0.86%（图 8.7）。由此可见急时除了需要将传染病医院护理单元转换为呼吸道传染病护理单元，还需重点关注突发公共卫生事件下重症监护病房配置量。突发性公共卫生事件的资源配置是非常重要的，因为在这种情况下，需求信息滞后，需求变数大，而医疗资源的时效性要求很高，且无法替代。因此，需要提前做充足的储备，未雨绸缪，防患于未然。

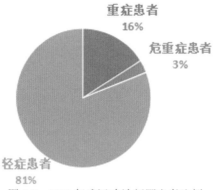

重症患者
16%

危重症患者
3%

轻症患者
81%

图 8.7　2020 年武汉确诊新冠患者比例

我国的重症医学科处于成长发展期，经过疫情的考验，重症医学科床位数与医院数量比例接近 1∶1，实现了重症医学科床位基本覆盖医院。但是，新冠疫情也凸显出重症监护类应急医疗资源配置不足，需要加强建设。

为了满足未来突发公共卫生事件的需求，2022 年国务院联防联控机制提出加快推进 ICU 病房、缓冲病房、可转换 ICU 床位建设。特别是在建设平急两用型传染病医院时，应充分考虑可转换 ICU 病房建设，根据相关规范标准，医院总重症床位数一般按医院总床位数的 2%～8%设置，可根据实际需要适当增加。

因此，我们需要认识到突发公共卫生事件的重要性，并提前进行资源储备，加强重症监护类应急医疗资源的建设。只有这样，才能更好地应对未来可能出现的突发公共卫生事件。

如图 8.8 所示，ICU 病房相比普通病房所需床位面积较大，开放式病房床均面积不小于 15m²/床，单间病房床均面积不小于 18m²/床。传染病护理单元 ICU 一般采用单元式病房，即病房中布置 2～3 个床位作为一个单元（图 8.9）。在进行建筑设计的时候，需要对各种设备、耗材的使用空间和储存空间进行考虑，具体的规模是以各个重症护理单元对设备、耗材的管理和使用方式为基础的。一般普通传染病病房转换为重症监护病房后可考虑减少一个或两个床位，以保证重症监护病房床均面积，确保转换后有充足的空间放置设备。医疗器械选择上，多采用落地式固定吊塔（图 8.10）。

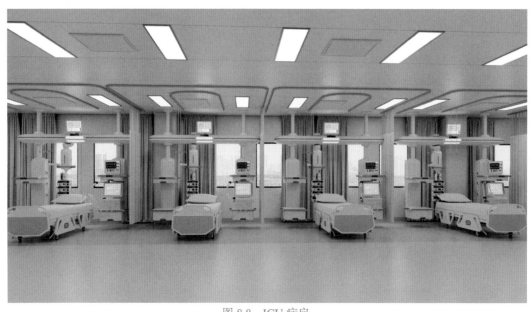

图 8.8　ICU 病房

名称	传染病医院呼吸道ICU病房	
图示	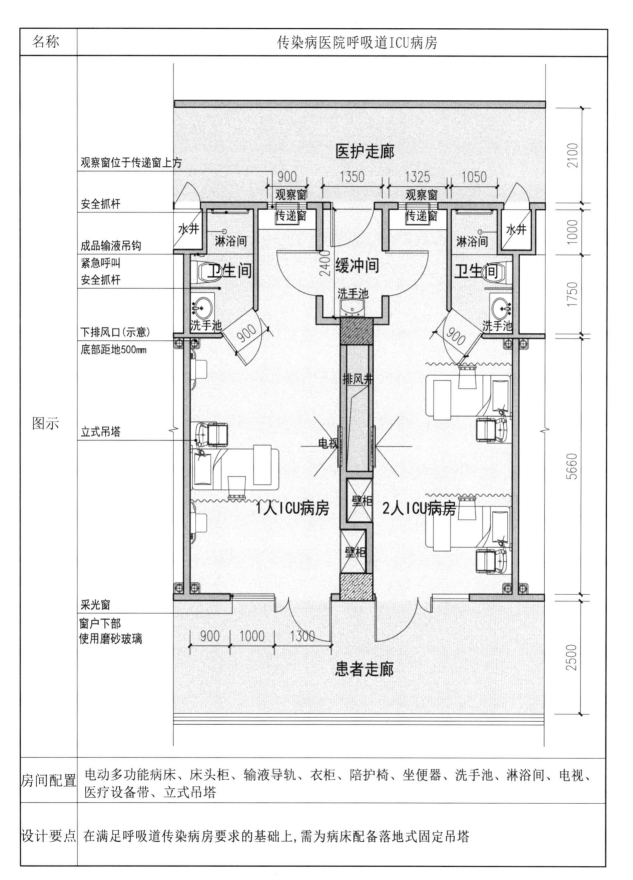	
房间配置	电动多功能病床、床头柜、输液导轨、衣柜、陪护椅、坐便器、洗手池、淋浴间、电视、医疗设备带、立式吊塔	
设计要点	在满足呼吸道传染病房要求的基础上,需为病床配备落地式固定吊塔	

图 8.9　传染病医院呼吸道 ICU 病房

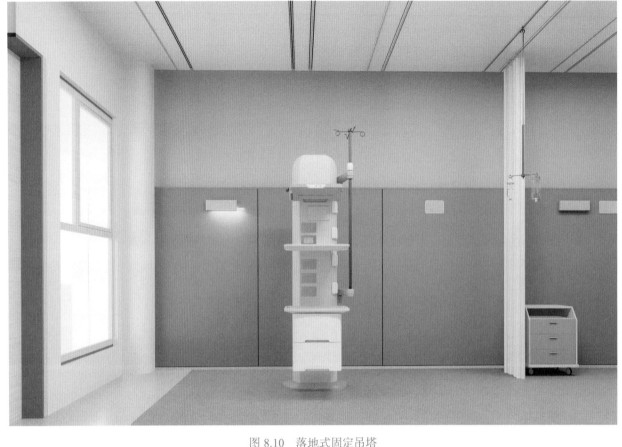

图 8.10 落地式固定吊塔

8.2 卫生通过平急两用设计详图

员工支持用房转换主要为非呼吸道传染病护理单元转换为呼吸道传染病护理单元时部分非必要用房转换为防护服穿脱空间与缓冲空间的转换设计（图 8.11～图 8.13）。呼吸道传染病护理单元中相邻区域之间需设计防护服穿脱空间或缓冲间，用于医护人员更换防护服与防止污染气体流窜。防护服穿脱空间需明确区分更衣空间与脱衣空间，两者之间流线互不交叉。一般设置于清洁区与半污染区或清洁区与污染区连接处。因此，在平急转换设计中，此空间既可利用各区之间相接通道设计，也可采用急时非必要功能空间进行弹性转换。

根据 2020 年新冠疫情后建设的平急两用型医院与体育馆方舱医院改造等建设经验，呼吸道传染病护理单元中防护服穿脱空间布置可分为合并式布置与分开布置两类（图 8.14）。上述两种防护服穿脱空间布置来源于体育馆等大型公建改造为应急医院的做法，一般传染病医院布置防护服穿脱空间只需明确到一脱、二脱，个人穿衣空间可结合医院原本更衣室设置，尽可能高效利用建筑空间。如武汉航天新城同济医院中采用分设的方式，将防护服穿脱空间分为更衣空间与脱衣空间，根据医护流线分别设立一更、二更与一脱、二脱用房。还设置了可转换更衣空间，疫情形式严重时，可将半污染区备餐间转换为一脱用房使用。

名称	传染病院区　卫生通过
图示	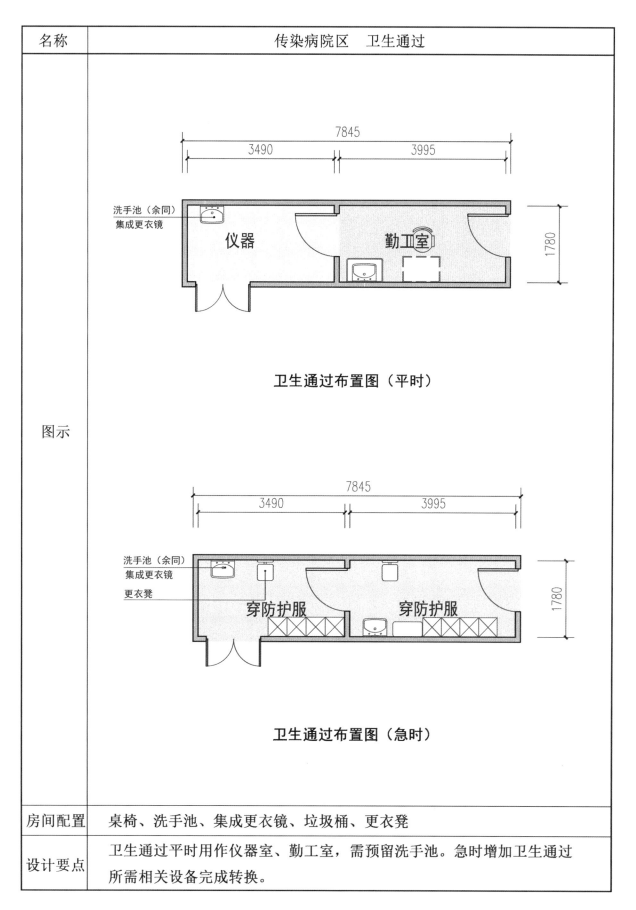
房间配置	桌椅、洗手池、集成更衣镜、垃圾桶、更衣凳
设计要点	卫生通过平时用作仪器室、勤工室，需预留洗手池。急时增加卫生通过所需相关设备完成转换。

图 8.11　卫生通过转换 1

名称	传染病院区　卫生通过
图例	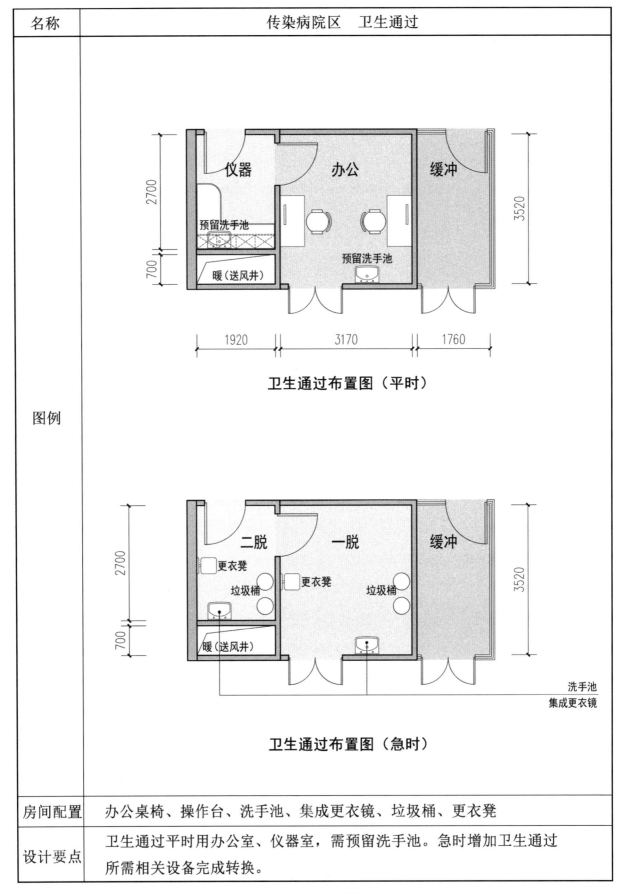 卫生通过布置图（平时） 卫生通过布置图（急时）
房间配置	办公桌椅、操作台、洗手池、集成更衣镜、垃圾桶、更衣凳
设计要点	卫生通过平时用办公室、仪器室，需预留洗手池。急时增加卫生通过所需相关设备完成转换。

现代医院护理单元平急两用建筑空间设计

图 8.12　卫生通过转换 2

名称	传染病院区 卫生通过
图例	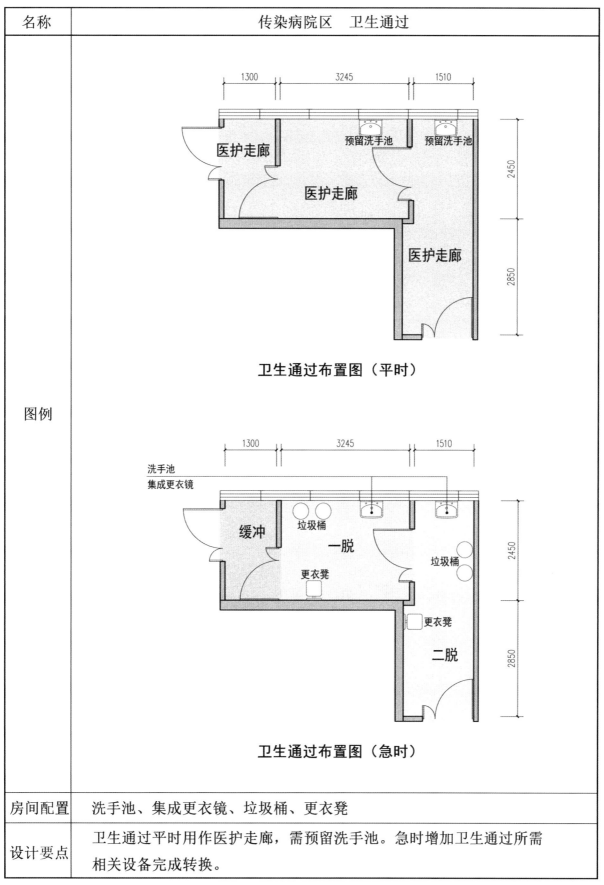 **卫生通过布置图（平时）** **卫生通过布置图（急时）**
房间配置	洗手池、集成更衣镜、垃圾桶、更衣凳
设计要点	卫生通过平时用作医护走廊，需预留洗手池。急时增加卫生通过所需相关设备完成转换。

图 8.13 卫生通过转换 3

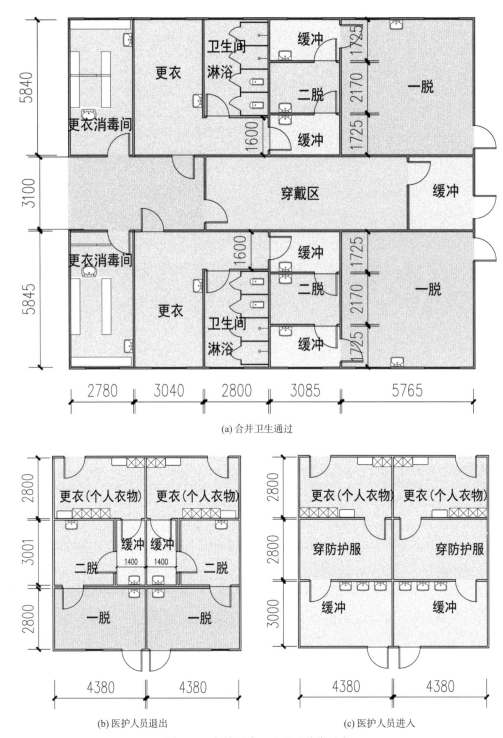

(a) 合并卫生通过

(b) 医护人员退出

(c) 医护人员进入

图 8.14 方舱医院卫生通过分类示意

第 9 章

传染病医院护理单元平急两用设计的工程成果

9.1 工程背景

西安市第八医院（图 9.1）始建于 1933 年，2010 年被评为三级甲等传染病专科医院，集预防、医疗、保健、康复为一体。随着中国经济的发展和人民生活水平的提高，中国的医疗事业也得到了大力发展。各省市的医疗机构不断扩大规模，医疗设施和诊疗水平也不断提高。西安市第八医院在抗击多种全球性传染病疫情方面发挥了重要作用，在抗击 SARS、甲型 H1N1 流感、埃博拉病毒、新冠疫情等传染病疫情中表现出色。除了在抗疫方面表现出色，西安市第八医院在医疗技术和医疗设施方面也不断提高。医疗技术处于国际领先水平，医疗设施也达到了国际标准。这些进步不仅为中国的医疗事业发展打下了坚实基础，也为全球医疗领域的发展做出了贡献。新冠疫情发生后，西安市委、市政府决定建设西安市公共卫生中心（西安市第八医院新院区）。

图 9.1　西安市第八医院

9.2 总体规划的平急两用设计

9.2.1 基地环境与功能分区

1. 项目全年风向分析

西安市平原地区为暖温带半湿润大陆性季风气候,四季分明,各地主导风向有差异。在这种气候条件下,人们可以感受到春季温暖,夏季炎热,秋季凉爽,冬季严寒的特点。基地位于西安市高陵区,是一个典型的平原地区。主导风向为东北风,最高气温41.4℃,最低气温−20.8℃,年平均气温13.2℃。由于地处内陆,西安市平原地区的年降水量约为540mm。夏季降水占比40.7%,冬季雨雪占比3.5%。空气干燥度为1.3,年日照时数为2247.3h。西安市气候条件如表9.1所示。

西安市气候条件 表9.1

序号	高陵区气候条件	参数	序号	高陵区气候条件	参数
1	年最高气温	41.4℃	4	空气干燥度	1.3
2	年度最低气温	−20.8℃	5	年主导风	东北风
3	年平均气温	13.2℃			

2. 常年风向对总体布局的影响

根据功能区块洁净程度,将院区整体划分为清洁区、半污染区与污染区。清洁区指没有被病原体污染的区域,主要为非医疗区,包括指挥保障中心、行政教学、职工宿舍等。半污染区相对清洁区而言洁净度低,有可能会发生病原体感染,主要为综合院区。污染区主要为传染病院区,一般就医患者与住院患者都携带病原体,有一定的传染风险。

项目位于西安市高陵区,全年主导风向为东北风(基本走向为51°)。考虑到风环境对传染病院区的影响,在总平面布置时,建筑布局呈锯齿型,将清洁区布置在长期主导风的上风向区域,半污染区位于中部,污染区位于西南角,从规划上避免了污染区对其他区域的影响。污染区与半污染区之间采用绿化带(通道)进行隔离,间距40m,各区间交通相对独立又保障必要联系(图9.2)。

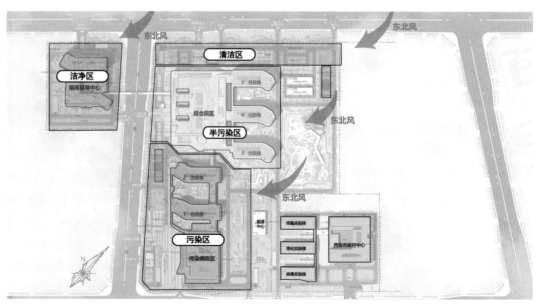

图 9.2 风向与分区设置

9.2.2 感控需求与建筑布局

1. 对外环保措施

根据相关规范要求，传染病医院的选址要地势平坦、交通便捷，而且要有一定的发展用地。项目基地现状环境中周边皆为农业用地。根据高陵区城市规划，基地北侧规划了城市复合运动公园（长5000m，宽300m）。西侧与东侧分别为健康产业园区与农业园区。因此场地规划设计时，在项目基地北侧、西侧与南侧邻近道路边皆设有绿化带作为防护隔离带。用地东侧为预留发展区域，基地内西安市公共卫生中心应急医院位于上风区，院区内建筑整体建成投入使用后拆除，作为综合院区康养花园使用。对外保护措施如图9.3所示。

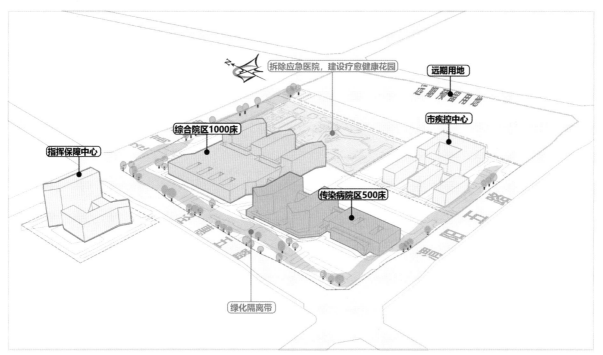

图 9.3　对外保护措施示意图

2. 对内感控措施

在当前全球疫情肆虐的情况下，传染病院区建筑内部布局需要充分考虑传染病隔离治疗的要求。这是为了严防院内交叉传染及对周边环境产生影响。因此，建筑的内部设计需要采取一些特殊的措施。

首先，建筑采用分散式布置。不建水景，避免建筑水景成为病毒传播的场所，从而更好地保护医护人员和患者的健康。

其次，严格规范内部人流、物流、车流的清洁与污染路线，医护人员、病人、物资和废弃物均设独立的通道和电梯，做到洁污路线分离，互不交叉，从而避免病毒传播。基地内部建筑间距设置如图6.6所示。

非医疗区与医疗区域之间间距最大100m，最小80m，尽可能保障非医疗区域洁净度符合要求，为医院做好后勤保障。其次，公共卫生中心包含疾病预防控制中心，合理的间距设置能保证疾控中心的工作人员拥有安全的工作环境，同时第一时间掌握疫情状态与新发疾病情况。

各医疗区域建筑间距，综合院区与传染病院区间距 40m，通过绿化带进行隔离划分，两区道路系统相对独立且相互联系，建筑间设有连廊。

建筑间距的设置既要符合《传染病医院建筑设计规范》要求，保障各区域间互不干扰，还要考虑急时院区分级管控，保证在各级疫情状态下院区的使用安全，有助于分区管控。

3. 建筑措施

除了设置绿化隔离带，在建筑设计上也考虑到环保要求。

污水处理：在院区内西南侧设置污水处理站。生活污水与医疗污水分别处理，医疗污水管道需集中于污水处理站，经消毒处理达标后经市政管网排放。

污物处理：传染病院区与综合院区分别设置生活废弃物暂存间与医疗废弃物暂存间，传染病院区污物处理暂存间设置于下风向，防止院区内污染。

通风及废气排放措施：传染病院区设置层流系统，气体经过滤处理后排放。含有腐蚀性及少量有机溶剂的废气经通风柜排放。

9.2.3 院区内交通流线组织

1. 出入口设置

传染病院区内流线设计要求较为复杂，总平面设计需根据医院感控需求做到洁污流线互不干扰，防止院内感染（图 9.4）。传染病院区主入口位于西南侧，处于下风向，两区主入口广场距离较远，且根据年主导风向分别设置，分区明确，互不干扰。传染病院区与综合院区结合污物处理站分别设置污物出口，防止交叉污染。

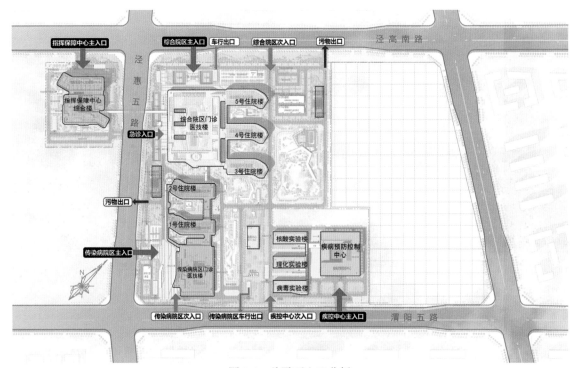

图 9.4　总平面入口分析

现代医院护理单元平急两用建筑空间设计

2.流线组织

1）人员流线

西安市公共卫生中心总平面人员流线主要分为患者流线、医务人员流线与科研办公人员流线。根据院区特点可进一步划分为传染病院区患者流线、综合院区患者流线（图6.4）。

总体上传染病院区患者流线与综合院区患者流线各自独立，两个院区分别设置门诊医技与住院楼，功能互不干扰。既满足了公共卫生中心作为覆盖西安市传染病专科医院为西安市传染病患者提供救治的功能定位，又满足周边普通患者的就诊需求。患者流线的明确划分，打破了普通就诊患者因传染病恐惧心理而造成的就医忌讳。患者流线设计方面，传染病院区患者流线还划分出呼吸道传染病患者流线与其他患者流线。传染病院区患者流线根据就诊者疾病情况划分，区分呼吸道传染病与非呼吸道传染病患者就诊建筑入口，防止院内交叉感染。呼吸道门诊设置于传染病院区1号楼一层，设置独立出入口，有利于区分呼吸道传染病患者与其他传染病患者流线，防止就医患者出现交叉感染。同时呼吸道传染病患者设置独立的住院入口，呼吸道传染病护理单元设置于1号楼，其他住院患者护理单元设置于2号楼，各自具有独立的住院流线（图9.5）。

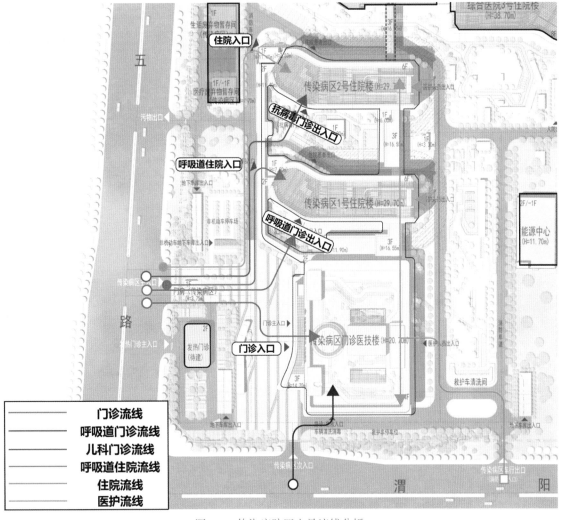

图9.5　传染病院区人员流线分析

2）物品流线

在医院中，物品流线的管理十分重要，它可以有效地防止传染病的传播。物品流线分为清洁物品流线和污物流线两种，它们之间严格分离，以确保患者和工作人员的安全（图6.5）。

传染病院区的地下一层，东侧为洁净物品通道，它连接着各住院楼和门诊医技综合楼，用来运输清洁物品。而西侧地下室则是污物通道，用来连接各住院楼的污梯。这样可以避免清洁物品和污染物品混在一起，从而避免病毒和细菌的传播。

3）车行流线

车行流线采用人车分流模式。机动车进入医院后就近停泊在临时停车场，或者进入地下室车库，不进入医院内部，内部交通以步行为主，保证人员安全。主要通道要确保必要车辆能够通行，如救护车、消防车，以利于运送病人和医疗设备到各住院大楼。

9.2.4　功能布局平急两用设计

西安市公共卫生中心在平时状态、急时（疫情发展）状态设有不同的隔离方式，以确保各状态下医院的安全防护与充分使用。

传染病院区整体分为清洁区、半污染区、污染区，平时传染病患者与普通患者分别于污染区与半污染区活动。由于呼吸道传染病通过空气传播的特性，因此将呼吸道传染病区设置于一号住院楼（下风向），门诊医技设于一层，上部楼层为呼吸道传染病护理单元。平时模式时对污染区呼吸道传染病区施行控制管理，保证呼吸道传染病患者具有清净就医环境的同时，保护其他区域就医患者的就诊安全，防止院内交叉感染。急时根据疫情发展情况，设置院区管控规模。

传染病院区整体平急转换分为三种模式，急时模式一、急时模式二和急时模式三（远期模式）。

急时模式一综合院区护理单元全部转换为呼吸道传染病护理单元，关闭综合院区门诊医技楼，形成1500床定点医疗机构（图6.8）。传染病院区护理单元全部转换为呼吸道传染病护理单元，且其中部分病房转换为ICU病房，ICU病房占医院总病床数的10%。

急时模式二主要是各住院楼内部护理单元中病房转换，总体建筑转换与急时模式一相同。该模式基于急时模式一进一步增加ICU病房占比，传染病院区ICU病房转换数量增加，由于三人病房转换为两人ICU病房或两人病房转换为一人ICU病房，会导致传染病院区病床数量减少。因此，综合院区部分病房增加病床以保证院区整体病房保持在1500床。

急时模式三是当突发公共卫生事件进一步发展后，1500床定点医院床位难以支持时，使用应急预留场地建立方舱医院，项目远期模式将形成2400～3000床方舱医院与1500床定点医院（图6.12）。

急时病区转换根据现实情况分三级响应，流线也根据医院平时与急时不同功能布局状态进行了转换。

1）人员流线转换

平时状态下传染病院区与综合院区人员流线完全区分，院区之间设置物理分隔，防止患者无意进入传染病院区造成疾病传染。急时两区院前广场增加登录厅、车辆清洗等相关空间的布置，患者需先通过登录厅再分配进入住院部。急时传染病院区总体流线变化较小，主要是综合院区患者流线变化。因综合院区门诊医技部停用，增加患者由住院部到达传染病院区门诊医技部的患者流线。此外进一步明确了患者的出院流线，防止康复患者出现交叉感染。（图6.10）。

2）物品流线

急时，物品流线的转换主要体现在污染物品流线变化。急时为尽快处理污染物品，污染物品收集后不再送往暂存间，而是直接从污物出口送出，保障院区的相对清洁。此外急时还会新增送检流线，由1～5号住院楼与传染病院区门诊医技楼送至西安市疾病预防控制中心核酸实验楼（图6.11）。

3）门诊医技部平急两用设计

综合院区门诊医技部急时停用。传染病院区门诊医技部全部科室基本可实现急时转换为呼吸道传染病门诊医技部，满足急时定点医院的诊疗需求。急诊、结核门诊、影像中心、内镜中心、透析中心、手术中心负压手术室、ICU中心、检验中心、配液中心、消毒供应中心、病理科、输血科均可转换并满足急时使用要求。为减少资源浪费，提高诊疗效率，多数门诊科室、超声科、功能科急时停用，不做转换，将相关功能集中整合至急诊和结核门诊区域。

9.3 护理单元方案设计演变

根据西安市公共卫生中心设计规划，需要设置500床传染病院区。西安市公共卫生中心共5栋住院楼，传染病院区的为一、二号住院楼，每栋为六层，一层为呼吸道门诊、肠道门诊和抗病毒门诊，二到六层为护理单元，每个护理单元50床。护理单元分为两类，分别是呼吸道传染病护理单元和非呼吸道传染病护理单元。呼吸道传染病护理单元设置于一号住院楼，收治呼吸道传染病患者。其余护理单元皆为非呼吸道传染病护理单元，根据平急两用设计理念，平时用于收治非呼吸道传染病患者，急时可根据疫情发展情况转换为呼吸道传染病护理单元。两类护理单元采用同种布局模式，在部分功能上有所区分。护理单元采用复合式布局，污染区病房大部分为南向采光，少数病房面向北侧。清洁区设置于东侧，采光通风条件良好。半污染区护士站与病房、医用空间联系紧密。护理单元东侧清洁区设有医护通道连接一、二号住院楼相邻护理单元。

护理单元根据传染病医院需求，严格按照"三区两通道"的布局设计，护理单元分区布局方案也根据疫情防控经验的不断累积进行了调整。

1. 方案一

方案一中护理单元采用复合式布局，非呼吸道传染病护理单元半污染区与清洁区面积相当，三区呈纵向平行状态。清洁区位于东侧，主要有医护更衣空间、卫生间、医护办公室与值班室；半污染区主要有医护工作走廊、医护办公室、治疗室、处置室、仪器室、被服库、耗材库、护士站、勤工室；污染区有患者走廊、病房、患者备餐间、污物暂存间（图9.6）。清洁区与污染区均配有独立竖向交通空间，两区医护流线与患者流线相互独立，互不交叉（图9.7）；三区走廊相接处均设有缓冲空间与常闭疏散门，区域间互不干扰。

急时非呼吸道传染病护理单元转换为呼吸道传染病护理单元(图9.8、图9.9),半污染区东侧仪器室、勤工室、办公室与被服库转换为医护人员卫生通过,污染区患者走廊与半污染区交接处增加卫生通过。两处卫生通过分别用于医护人员由清洁区进入、退出半污染区与污染区。医护人员流线随之转换,对医护人员进出半污染区、污染区的流线进行了更详细的规划(图9.10)。医护人员穿越各区域时均需通过缓冲间或卫生通过进行消杀处理或更换防护服。

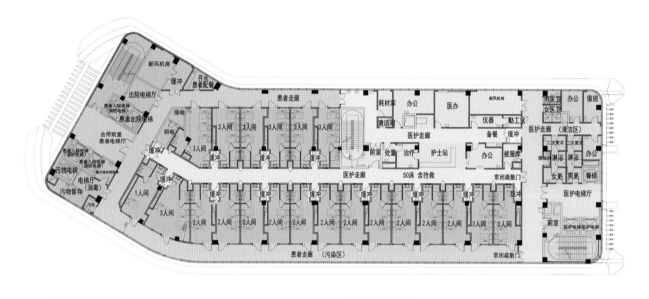

| 污染区 | 半污染区 | 清洁区 | 卫生通过 |

图9.6　方案一非呼吸道传染病护理单元平面布局

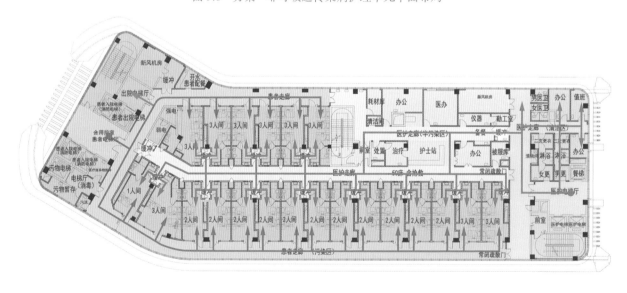

| 污染区 | 半污染区 | 清洁区 |

| 卫生通过 | —— 患者入院流线 | —— 患者出院流线 |
| —— 医护流线 | | |

图9.7　方案一非呼吸道传染病护理单元流线

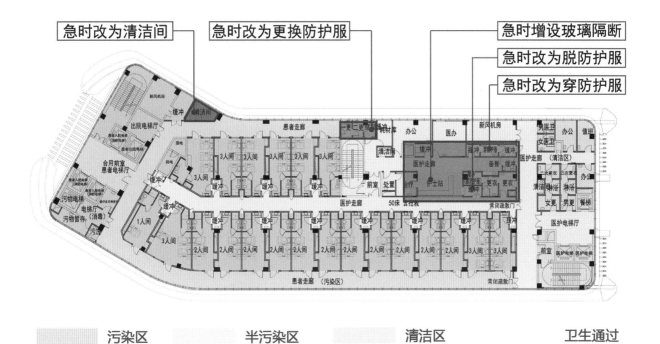

污染区　　　半污染区　　　清洁区　　　卫生通过

图 9.8　急时非呼吸道传染病护理单元转换为呼吸道传染病护理单元示意

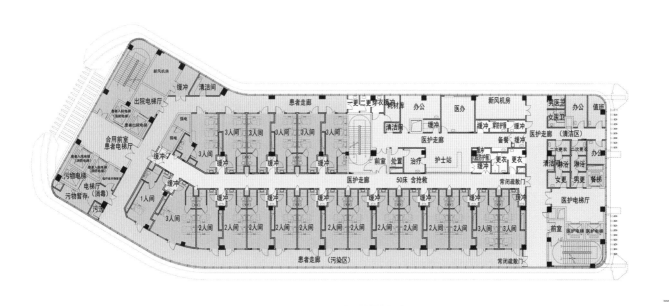

污染区　　　半污染区　　　清洁区　　　卫生通过

图 9.9　急时呼吸道传染病护理单元平面布局

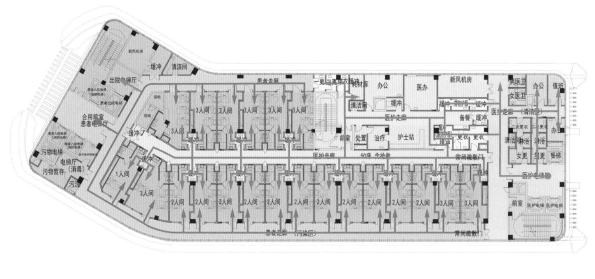

| 污染区 | 半污染区 | 清洁区 | 卫生通过 |

——— 患者入院流线　　　——— 患者出院流线　　　——— 医护流线

图 9.10　急时呼吸道传染病护理单元流线

同时，撤除污染区内患者备餐（开水）间，只保留半污染区备餐间。护士站前增加玻璃隔断，医护人员通过缓冲区进入医护工作走廊，可进一步保障半污染区医护人员工作安全，防止职业暴露。

其次，除非呼吸道传染病护理单元转换外，急时原有呼吸道传染病护理单元三人间负压病房转换为ICU病房，如图9.11所示。

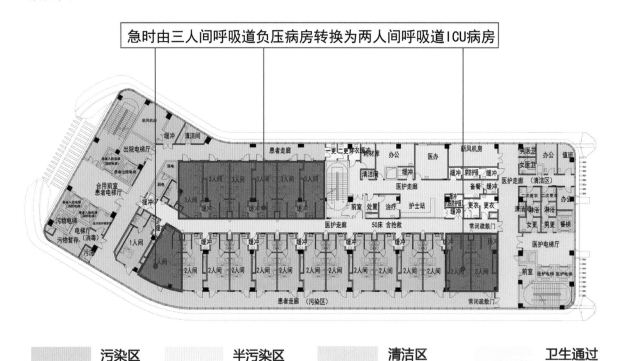

急时由三人间呼吸道负压病房转换为两人间呼吸道ICU病房

| 污染区 | 半污染区 | 清洁区 | 卫生通过 |

图 9.11　急时呼吸道传染病护理单元 ICU 模式转换示意

2. 方案二

根据各地抗疫经验，医护人员进入半污染区后需要穿戴防护服，工作强度高。过长时间停留在半污染区，会导致医护人员工作效率低下、身体难以支撑等情况发生。因此在方案一基础上进一步深化得到方案二，方案二根据医护人员工作需要精简半污染区部分功能空间，保留治疗护理所需必要工作空间，将原方案中半污染区办公空间、耗材库等空间划分至清洁区，保留一个办公空间及仪器室、治疗室、处置室。分区重构后清洁区面积增加，呈L形，部分空间与半污染区横向平行（图9.12）。物流传输方面，方案一与方案二均采用箱式物流传输系统，方案一中物流传输通道位于半污染区，急时需要设置缓冲间，通过气压管理防止物流通道污染气体流窜。方案二改良分区后，物流通道划分至清洁区，物流运送更加安全。

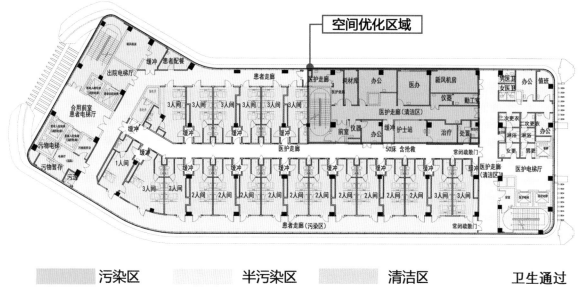

图 9.12　方案二非呼吸道传染病护理单元优化示意

9.4　护理单元功能的平急两用设计

传染病院区护理单元总共分为两类，分别为非呼吸道传染病护理单元（图9.13）、呼吸道传染病护理单元（图9.14）。传染病院区护理单元整体采用尽端复合式的布局形式。污染区病房分布于医护走廊两侧，最大限度增加了病房数量，同时提高了医护人员的巡行效率。半污染区空间经过多次方案推敲，保留了必须的工作支持用房，其余用房配置于清洁区，最大限度地保障了医护人员的工作安全。

根据西安市新型冠状病毒肺炎疫情防控指挥部办公室《关于西安市公共卫生中心建设项目规范设置床位的通知》（市疫情防控指办〔2022〕591号）：人口规模在1000万～2000万的城市，床位总数不少于1500张；重症救治床位要达到医院总床位数的10%，同时，按照平急两用原则建设可转换重症救治床位，确保有需要时重症床位可扩展至不低于床位总数的20%。因此，西安市公共卫生中心传染病院区的护理单元的可分为两种模式，即急时模式与急时ICU扩展模式。

急时模式一的情况下，西安市公共卫生中心作为定点医院，非呼吸道传染病护理单元转换为呼吸道传染病护理单元，在此基础上部分呼吸道传染病护理单元再转换为具有重症监护病床的ICU护理单元，以达到重症救治床位占医院总床位数10%的需求。

急时模式二则是在急时模式一的基础上，再增加重症监护病床，转换后重症床位数占比达到20%。

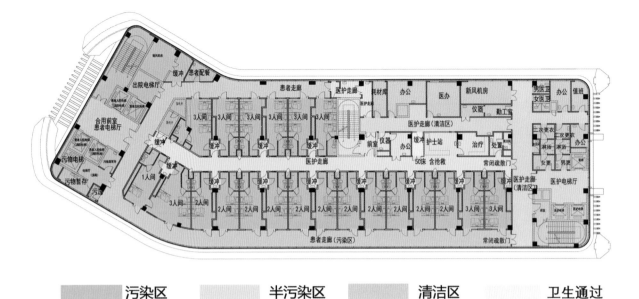

图 9.13　非呼吸道传染病护理单元平面布局

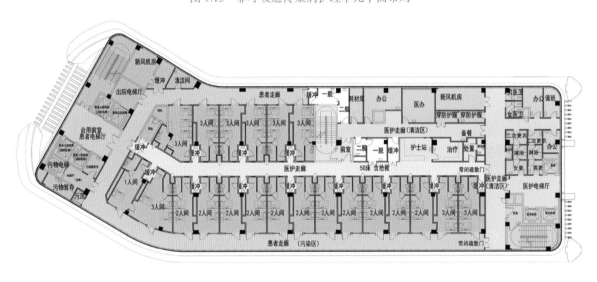

图 9.14　呼吸道传染病护理单元平面布局

1. 急时模式一（ICU 床位占比 10%）

急时模式一时，院区整体转换为 1500 床定点医院，传染病院区、综合院区护理单元全部转换为呼吸道传染病护理单元。在此基础上，部分传染病院区护理单元内设置 ICU 病床，使医院 ICU 床位占医院总床位数的 10%，即 ICU 床位约 150 床。

此种模式 2 号楼非呼吸道传染病护理单元转换为呼吸道传染病护理单元，传染病院区护理单元全部转换。本方案中呼吸道传染病护理单元与非呼吸道传染病护理单元的主要区别集中于卫生通过区域，护理单元的空间转换也主要围绕医护人员流线转换进行。急时呼吸道传染病护理单元中医护人员在穿越清洁区、半污染区与污染区时需要经过卫生通过。医护人员从清洁区进入半污染区需穿戴防护服，由半污染区或污染区工作结束退出时需经过用于防护服脱卸的卫生通过。因此本方案中非呼吸道传染病护理单元中的仪器室与勤工室急时转换为防护服更衣室。医护人员更衣完成后，通过缓冲空间进入半污染区。半污染区仪器室、办公室急时转换为一脱、二脱，污染区与清洁区的医护走廊急时转换为卫生通过，如图9.15所示。医护办公空间等设置于清洁区，医护人员可通过智慧医院相关信息设备对病房内患者情况进行监测，工作人员在半污染区进行必要的护理工作。急时细分医护人员工作内容，工作人员根据患者所需随时进行排班调整，尽量减少医护人员在疾病传播风险区域的工作时间，为医护人员提供更加安全、舒适的办公空间。

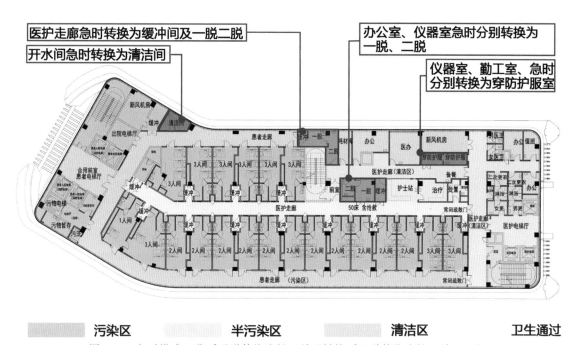

图9.15　急时模式一非呼吸道传染病护理单元转换呼吸道传染病护理单元示意

西安市公共卫生中心作为定点医院时（急时模式一），重症救治床位数应达医院床位总数的10%，西安市公共卫生中心共设床位1500床，为满足此条件，需设置150床可转换ICU病床。因此在非呼吸道传染病护理单元全部转换后，传染病院区1号楼及2号楼2～4层转换为重症监护病房。本项目中为确保快速转换，ICU病床配置所需落地式固定吊塔已根据床位数需求数量安装到位，急时则根据ICU病床设置需要改变病房内床位数量以实现转换（图9.16）。

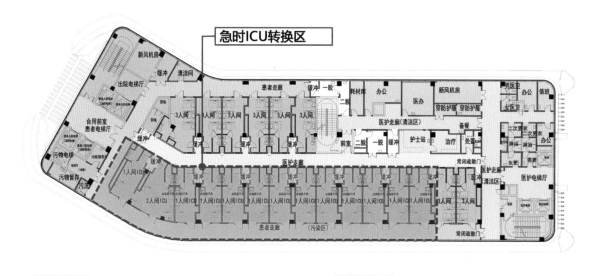

图9.16　急时模式一呼吸道传染病护理单元ICU转换区域示意

2. 急时模式二（ICU 床位占比 20%）

此种模式院区可转换 ICU 病床扩展至 300 床，护理单元中可转换 ICU 病房满足平急两用重症救治床位达到医院总床位数的 20%。

各病区在急时模式一的基础上将传染病院区 1 号楼及 2 号楼 2～4 层病区的剩余病房做如下调整（图 9.17）：将病区北侧六间三人病房均改为二人 ICU 病房，此部分 ICU 病床按应急条件设置，改造后 ICU 病房床均面积为 11m²，病床配备落地式固定吊塔。其次，1 号楼及 2 号楼 5～6 层根据上述模式做统一调整。

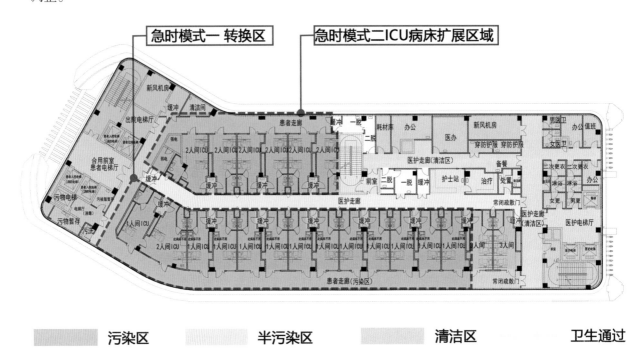

图 9.17　急时模式二呼吸道传染病护理单元 ICU 拓展区域示意

9.5　护理单元流线的平急两用设计

9.5.1　护理单元平时流线

西安市公共卫生中心传染病院区护理单元流线主要分为人员流线与物品流线。护理单元根据平时与急时形态分别规划了相关流线的转换。

1. 人员流线

1）患者流线

患者平时流线主要分为患者入院流线与患者出院流线。护理单元设患者入院电梯与出院电梯，两者配置独立电梯厅。入院患者从住院楼西侧住院患者入口进入，经过患者入院大厅与患者入院电梯进入护理单元。一层设置出院处置用房，康复出院患者经患者走廊（图 9.20）、患者出院电梯到达一层后离开，如图 9.18 所示。

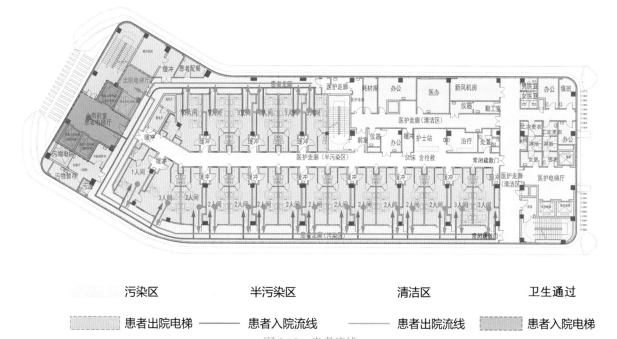

图 9.18　患者流线

2）医护人员流线

　　平时西安市公共卫生中心传染病院区医护人员通过传染病院区住院楼（1、2 号楼）东侧医护入口经医护电梯进入护理单元。护理单元根据《传染病医院建筑设计标准》设置更衣空间、医护走廊。更衣空间与医护电梯厅相连，医护人员更衣后进入清洁区工作区域，再经由卫生通过进入半污染区。平时医护人员进出污染区流线基本相同，污染区与半污染区之间设有净手消毒设备，医护人员进入与退出均需消毒，防止交叉感染与职业暴露（图 9.19）。

　　医护走廊与患者走廊设置相对独立（图 9.20），医护流线与患者流线互不干扰，尽可能地保护了医护人员的工作安全。

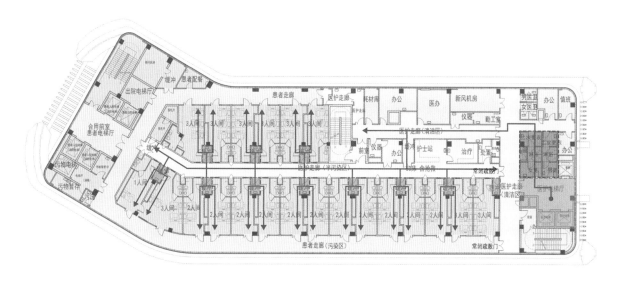

图 9.19　医护流线

(a) 患者走廊　　　　　　　　　　　　　　　　　　(b) 医护走廊

图 9.20　走廊示例

2. 物品流线

物品流线主要分为清洁物品流线与污物流线。

1）清洁物品流线

清洁物品流线包括物品流线与送餐流线。护理单元在清洁区设置箱式物流传输系统，用于运送清洁物品。护士站设有传递窗，接收清洁物品后，医护人员可通过传递窗传递至半污染区护士站，半污染区工作人员再通过病室前传递窗传送至病房内。医护电梯厅设置专门的送餐电梯，清洁区设置备餐处。患者餐食由工作人员经过餐梯送至清洁区备餐处，再经护士站传递窗送至半污染区，半污染区工作人员通过病室前传递窗交给患者。污染区设置污染区备餐（开水）间，患者用餐后，通过患者走廊处回收餐具与剩余餐食，送至污染区备餐间，处理残余餐食，餐具经消毒后回收（图 9.21）。

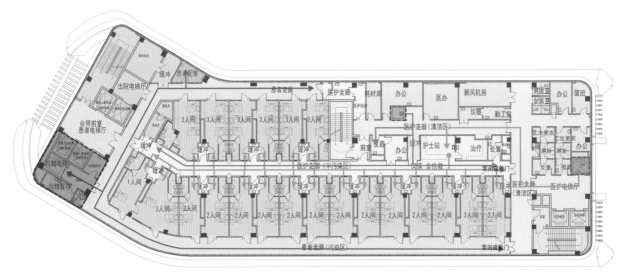

图 9.21　物品流线

2）污物流线

在医院的护理过程中，污染物品是必不可少的，这些污染物品也带来了相应的污染风险。为了减少污染的传播和危害，医院需要按照一定的规定进行处理和隔离。病房与医护用房中所有的污染物品必须经过密封处理后，由污梯运出护理单元。然后，在污染物所属的地下污染区域予以密封，经处理后运送至医院污物出口统一处理。这样可以进一步减少污染物的扩散和危害，避免污染物品在运输过程中对环境和人员造成伤害（图 9.22）。

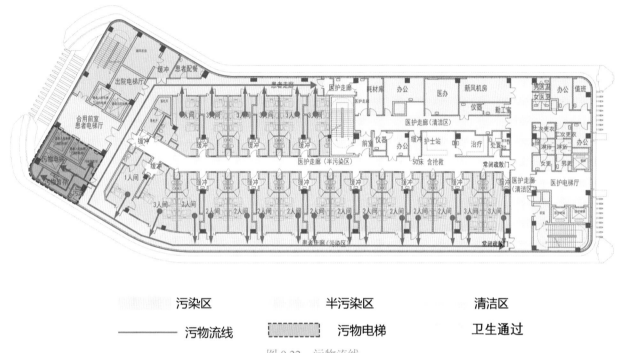

污染区	半污染区	清洁区
—— 污物流线	[┈┈] 污物电梯	卫生通过

图 9.22 污物流线

其次，不同种类的传染病污染区需要进行物理隔离，并隔离各自产生的污染物。这样可以防止不同种类传染病患者交叉感染，并缩小污染物的传播范围。

部分可再利用物品也需要进行处理。这些物品必须在自身所属的地下污染区完成消毒，并在验收合格后回收至清洁区备用。这样可以确保物品的再利用不会带来二次污染。

9.5.2 护理单元急时流线

急时护理单元转换后，部分流线随之发生转变。西安市公共卫生中心传染病院区护理单元的流线转换主要为医护人员流线转换，患者流线、物品流线基本与平时相同。

1. 人员流线

急时医护人员由护理单元东侧医护人员电梯经卫生通过进入清洁区，进入半污染区工作的医护人员经过防护服更衣空间更换防护服后通过缓冲区进入半污染区。半污染区工作人员分为需要进入污染区查房的与不需要进入污染区的工作人员。需要进入污染区的工作人员通过病房前缓冲空间进入污染区病房，完成护理工作后通过北侧患者走廊尽头一脱、二脱退出污染区进入清洁。不需进入污染区医务人员主要在半污染区进行相关物品传递等工作,结束工作后通过半污染区一脱、二脱空间进入清洁区(图 9.23)。

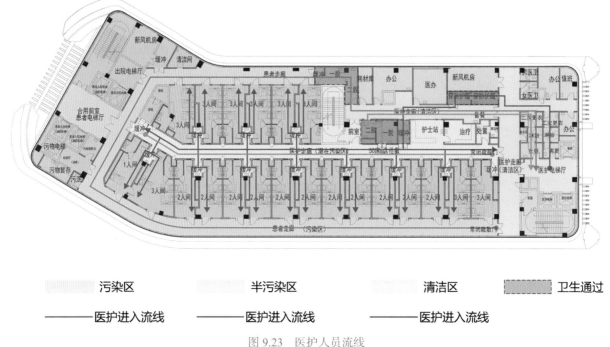

图 9.23　医护人员流线

2. 物品流线

物品流线转换主要为送餐流线变化。急时餐食通过送餐梯运送至护理单元,工作人员经清洁区传递窗传递至半污染区,再由半污染区工作人员通过病室前传递窗分发给患者。采用一次性餐具,患者用餐后,工作人员统一回收,采用污物处理方式,密封后经污物电梯运出护理单元。污染区备餐间急时不再使用,转换为清洁间。

9.6　重点空间平急两用设计

1. 用房配置

西安市公共卫生中心传染病院区非呼吸道传染病护理单元与呼吸道传染病护理单元用房配置基本相同,从用房类型来看,其主要区别在于病人区域与部分员工辅助用房。呼吸道传染病护理单元中病房主要为负压病房,非呼吸道传染病护理单元中病房为普通传染病病房。员工辅助用房差别主要有:呼吸道传染病护理单元设置了防护服穿脱空间,非呼吸道传染病护理单元只设置了一个卫生通过供医护人员进入工作区域时使用;非呼吸道传染病护理单元中有仪器室、勤工室,呼吸道传染病护理单元中未设置该两种用房;其次,非呼吸道传染病护理单元设置污染区配餐(开水)间,呼吸道传染病护理单元中为清洁间(表 9.2)。

污物处理方面,污染区设置污物暂存间、污洗间、污染被服暂存间、污衣收集管道井。污衣通过密封打包后可通过收集管道井统一运送。其他污染物品通过污物电梯运送出护理单元(图 9.24)。

用房功能区域	呼吸道传染病护理单元	非呼吸道传染病护理单元
病人区域	负压病房	普通传染病病房、污染区配餐（开水）间
医疗辅助用房	治疗室、处置室、护士站	治疗室、处置室、护士站
员工辅助用房	耗材库、办公室、一脱二脱、一更二更、卫生通过、缓冲间、值班室、清洁间、医护卫生间	耗材库、办公室、仪器室、勤工室、卫生通过、缓冲间、值班室、清洁备餐、医护卫生间
污物处理用房	污染被服暂存间、污物暂存间、污洗间、污衣收集管道井	污染被服暂存间、污物暂存间、污洗间、污衣收集管道井
物流传递	箱式物流	箱式物流

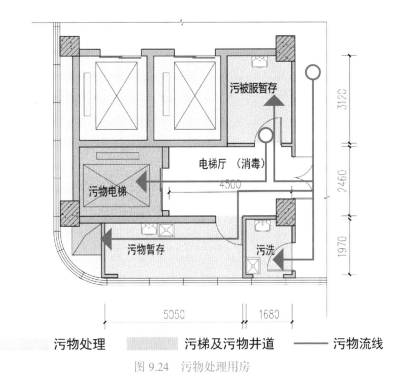

图 9.24　污物处理用房

2. 用房平急转换

1）病房转换

西安市公共卫生中心传染病院区护理单元病房设计中，为节约急时空间改造时间，呼吸道与非呼吸道病房均按照负压病房所需设计条件布置。病房前均依照呼吸道传染病护理单元设计需求设置缓冲空间，以节约急时护理单元空间转换时间，提高转换效率。安全防护方面，病房与半污染区相接部分采用平开气密门，设置观察窗与物品传递窗，以增强病房气密性，阻断污染空气流向半污染区。缓冲间与病房之间、病房与患者走廊之间则采用平开门。管道风井设计方面，排风竖井设置于单元病房柱跨之间，排风主管道位于屋面，以节省病房内吊顶空间。且各管道间采取密封措施封锁，防止污染扩散。

急时除非呼吸道病房转换为负压病房外，病房转换还包括 ICU 病房转换（图 9.25）。ICU 可转换病房是在负压病房的基础上，通过床位变动以及增加相关医疗设备完成病房之间的转换。包括两人间病房转换为一人间 ICU 病房，三人间病房转换为两人间 ICU 病房。两人间病房转换为一人间 ICU 病房如图 9.26 所示，一床配置落地式固定吊塔，其余病床移动至病房靠墙区域，不投入使用。三人间病房转换则保留病房内两张床位，分别配置地式固定吊塔，如图 9.27 所示。

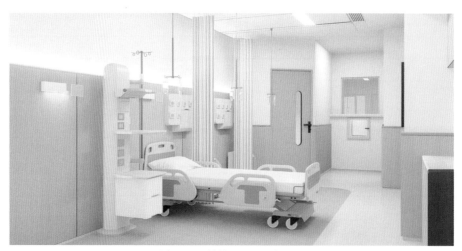

图 9.25　转换后 ICU 单人间

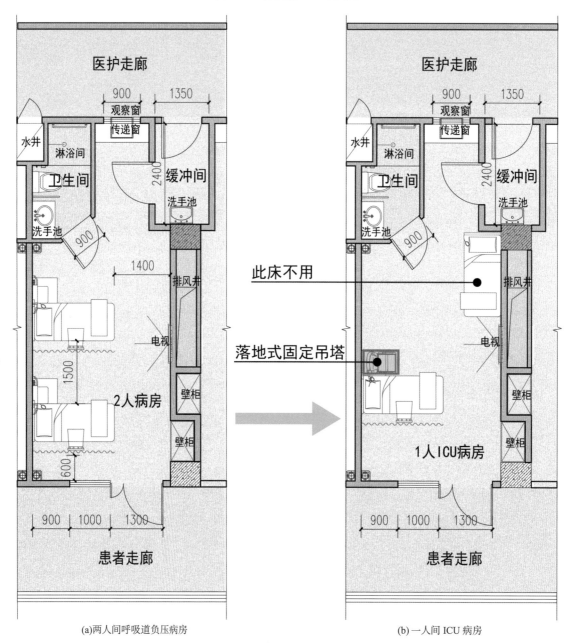

(a)两人间呼吸道负压病房　　　　　　　　　(b)一人间 ICU 病房

图 9.26　两人间病房转换一人间 ICU 病房

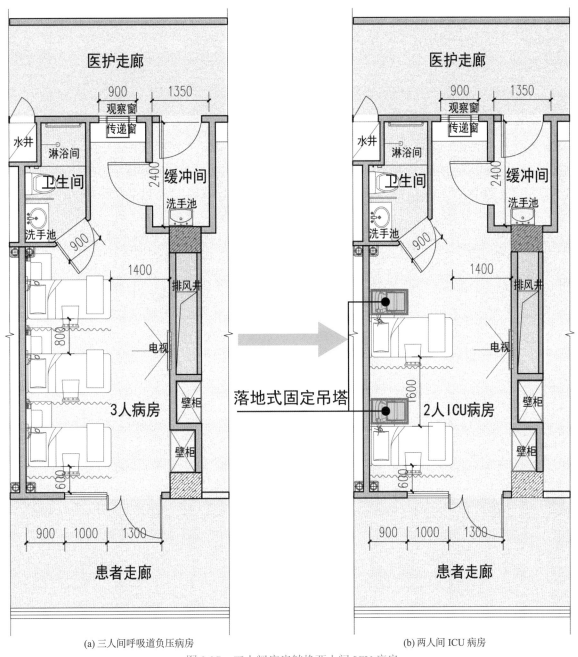

(a) 三人间呼吸道负压病房

(b) 两人间 ICU 病房

图 9.27　三人间病房转换两人间 ICU 病房

2）卫生通过转换

　　急时非呼吸道传染病护理单元转换为呼吸道传染病护理单元。由于非呼吸道传染病护理单元并未设置防护服穿脱空间，因此选择部分急时护理单元中使用率较低的空间作为弹性空间进行转换。防护服穿脱空间一般设置在各区域交接处，其中一脱、二脱空间需要与各区域相连接，是医务人员退出工作区域时的必经空间。一脱、二脱转换空间共分两处设置，一处为半污染区退出进入清洁区更衣空间，一处为污染区退出进入清洁区更衣空间。两处空间分别设置半污染区与清洁区、污染区与清洁区走廊相接处。急时分别由仪器室、办公室、走廊进行转换。将位于清洁区的仪器室、勤工室转换为清洁区进入污染区的防护服穿衣空间，并在清洁区与污染区之间设置缓冲空间。医护人员进入半污染区须在清洁区更衣后通过清洁区医护走廊再经过缓冲空间进入半污染区。转换前后卫生通过分别如图 9.28、图 9.29 所示。

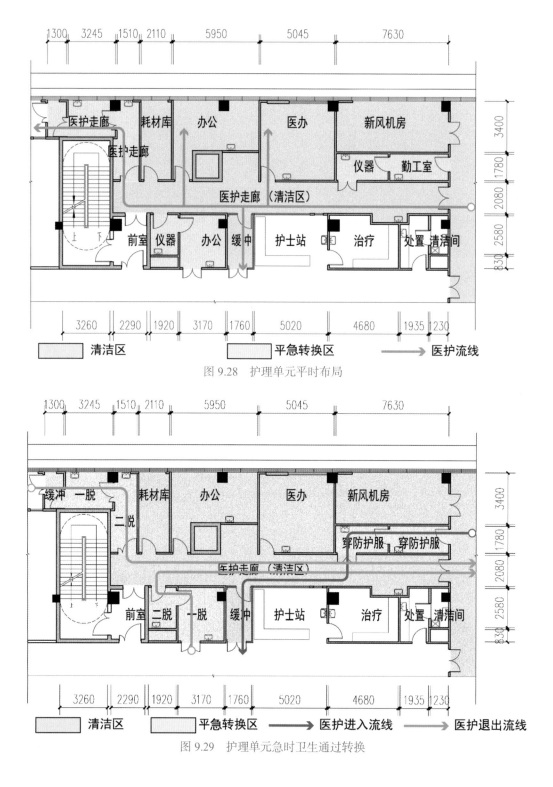

图 9.28 护理单元平时布局

图 9.29 护理单元急时卫生通过转换

9.7 机电专业的平急两用设计

9.7.1 通风系统平急转换

图 9.30、图 9.31 为传染病院区护理单元新风系统图、排风系统图。病房的排风管道通过设置在两个病房之间的排风竖井接至屋面，排风主管道及排风机设置于屋面，节约吊顶内的安装空间。新、排风机

现代医院护理单元平急两用建筑空间设计

组采用冷凝排风热泵热回收系统（热回收率105%）。新风系统水平分层按区设置，新风处理机组设置粗效、中效、亚高效过滤器三级处理，新风顶送到医护人员活动区域。排风系统水平分层按区设置，排风支管竖向设置，分层设主管，排风机组设置在屋面，排风高空排放，室内排风口设置高效过滤器。

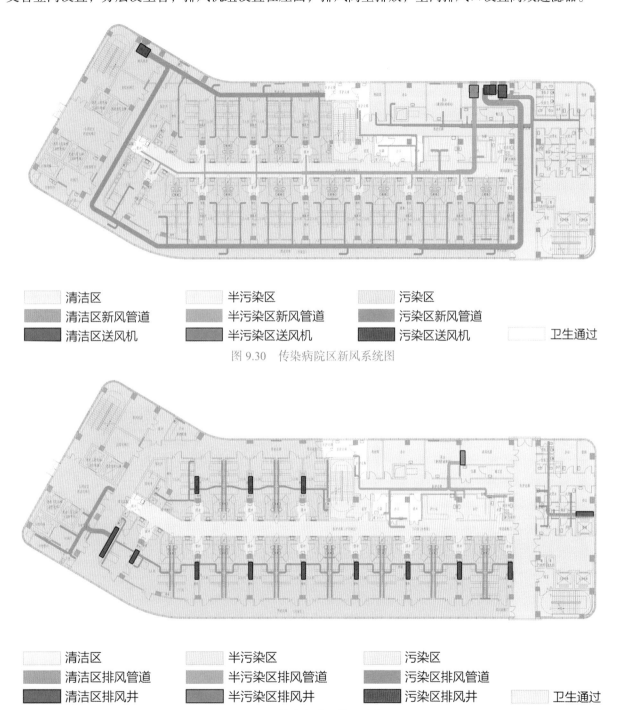

清洁区	半污染区	污染区
清洁区新风管道	半污染区新风管道	污染区新风管道
清洁区送风机	半污染区送风机	污染区送风机
		卫生通过

图 9.30　传染病院区新风系统图

清洁区	半污染区	污染区
清洁区排风管道	半污染区排风管道	污染区排风管道
清洁区排风井	半污染区排风井	污染区排风井
		卫生通过

图 9.31　传染病院区排风系统图

　　传染病院区非呼吸道传染病护理单元可根据控制新、排风机组的运行台数，通过变频调节、调节机械式双位定风量阀的方式实现非呼吸道传染病护理单元与呼吸道传染病护理单元之间的转换。负压病房压差数据传至护士站，由护士集中观测。同时压差数据上传至监控中心。护士站设控制管理系统，医护人员可通过触摸屏显示器设置送排风机一键开启按键，可随时将非呼吸道传染病病房切换为呼吸道传染病病房。

9.7.2　给水排水系统平急转换

1. 护理单元给水系统设置

传染病院区地下一层设置生活水泵房，给各层供水。给水设分区供水系统，地下室为市政自来水直供区，由市政压力直接供给；1 层～顶层为低区，由地下一层水泵房箱式无负压智能给水设备供应（选用三台主泵，两用一备，一台辅泵），设备附带 2 个不锈钢成品水箱，连通使用。为保证传染病院区护理单元用水安全，护理单元内用水管道根据清洁程度分区，在污染区、半污染区、清洁区分别设置给水主管，给水主管之间用减压型倒流防止器分隔（图 9.32），防止回流污染时病原体跨区域流动。配水主干管设置于清洁区，避开半污染区及污染区。护理单元室内洗手盆、洗脸盆、小便斗、坐便器均采用感应式阀门（图 9.33），减少接触污染。其次，二次供水设备进水管上设消毒器，市政给水管道引入管上设置倒流防止器，防止管道回流污染。呼吸道病区给水系统如图 9.34 所示。

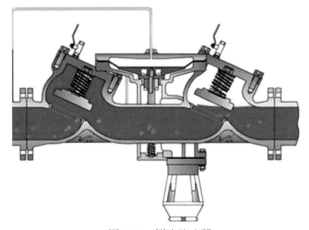

图 9.32　倒流防止器

图 9.33　感应式水嘴洗手池

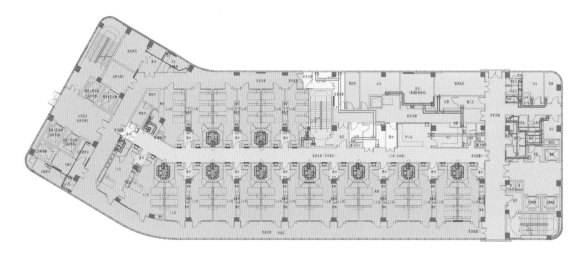

清洁区　　半污染区　　污染区
清洁区给水管　　半污染区给水管　　污染区给水管
清洁区竖向给水管　　半污染区竖向给水管　　污染区竖向给水管　　卫生通过

图 9.34　传染病院区护理单元给水系统图

2.护理单元排水系统设置

排水系统宜按污染区、半污染区和清洁区分区设置。室内排水系统采用污、废合流制，卫生间采用双立管辅助通气排水系统。通过污染区、半污染区排水通气管在屋面上分区域收集后，再通过消毒器处理后与大气连通，防止污水内存在的传染性病原微生物向大气扩散。

为保证护理单元排水安全，护理单元排水系统设置应注意以下几点：除洗污间、淋浴间等必须设置地漏的场所外，其他用水点尽量少设或不设地漏。为阻止地漏水封干涸，洗手盆的排水采用先进入多通道地漏，再进入排水主管道方式，地漏与洗手盆共用水封。器具排水管存水弯水封高度小于 50mm，不大于 75mm；不带水封的设备及排水器具应在排水管上设水封小于 50mm 的存水弯，并设存水弯补水措施，防止水封干涸后排水系统污染室内空气。如采用蹲便器，应采用脚踏式自闭冲洗阀，小便斗采用感应冲洗阀。

护理单元中产生的污废水统一排入院区污水处理站处理，其中污染区、半污染区污水在进入污水处理站之前需经预消毒处理。传染病院区护理单元排水系统如图 9.35 所示

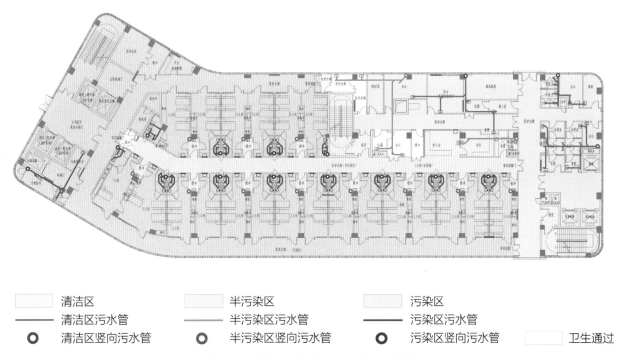

清洁区	半污染区	污染区
—— 清洁区污水管	—— 半污染区污水管	—— 污染区污水管
⊙ 清洁区竖向污水管	⊙ 半污染区竖向污水管	⊙ 污染区竖向污水管	卫生通过

图 9.35 传染病院区护理单元排水系统图

9.7.3 弱电智能化管理

1.护理单元负压病房压力监控系统

病房和卫生间之间安装压差传感器，并将压差的数据实时显示在病房缓冲间内，为保证压差的准确性，在墙面上安装指针式压差计，对房间的压差进行校准。压差数据传至护士站，由护士集中观测。同时压差数据上传至监控中心。此系统与大楼设备监控管理系统联网。

2.病房护理单元功能集成智能系统

传统护理单元的电气、气体、呼叫等集中设置于床头的设备带，可以满足基本的住院需求，随着医

院信息化建设的需求增大，传统设备带缺乏智能数字信息化的支持功能，阻碍了临床信息化的升级。本项目拟采用最新的普通病房护理单元功能集成智能系统，该系统集成了医疗气体、强弱电、智能数字信息化及收纳功能，收纳箱体有电子锁和嵌入式可调光 LED 灯，智能化终端有隐藏式强弱电源端口及电子信息查询/管理、智能（视频）数字传呼等功能，可实现费用清单查询、电子床头卡管理、门禁系统管理、病房公告查看、输液警报等扩展功能，可大大提高医院病房的信息化程度。床旁智慧交互系统如图 6.44 所示。

第 10 章

平急两用建筑设计策略总结

本书深入剖析了现代医院在面临突发公共卫生事件时，如何通过平急两用设计的理念，提升公共卫生体系的灵活性和应急能力。并以西安市公共卫生中心项目为例，展示了平急两用建筑空间设计的具体实施策略和运维管理方法。本章详细总结在西安市公共卫生中心项目实践中的平急两用设计策略的整体框架。

10.1 平急两用区域性医疗应急基地

西安市公共卫生中心作为平急两用的区域性医疗应急基地，涵盖三大区域，即定点医疗机构（三甲医院）、疾病预防控制中心、预留远期建设用地。这三者之间互相联系，彼此支撑，共同构成全流程的公共卫生应急基地。

定点医疗机构和疾病预防控制中心在功能上互补，定点医疗机构承担着重症患者的救治任务，而疾病预防控制中心则负责疾病的监测、流行病学调查和防控措施的制定与实施，两者协同合作，共同构建完整的公共卫生和医疗服务体系。定点医疗机构可以为疾病预防控制中心提供患者样本和临床数据，疾病预防控制中心则可以为医院提供疫情预警和防控指导。

在突发公共卫生事件中，定点医疗机构和疾病预防控制中心可以共享资源和信息，疾病预防控制中心提供流行病学数据和防控策略，定点医疗机构实施临床救治并反馈病例信息，从而形成联动机制，提升整体应急响应能力。

西安市疾病预防控制中心行政上由西安市卫生健康委员会管理，业务上由上级疾病控制中心领导，当突发公共卫生事件时能够直接将信息报送至上级疾病预防控制中心。因此在区域组成中，将定点医疗机构和市疾病预防控制中心相邻布置可保证医院的突发信息第一时间传送至市疾病预防控制中心，达到最高效的应急联动。

预留远期建设用地也有着重要的作用，当突发重大公共卫生事件时，现有医疗设施无法满足收治大量患者的需求，预留远期建设用地可以快速建设方舱医院。使方舱医院与定点医疗机构邻近建设，方舱医院主要用于收治轻症和无症状感染者，这样可以腾出定点医疗机构的资源和空间，集中力量救治重症患者，优化医疗资源配置，提高整体救治效果。

10.2 定点医疗机构的规模

西安市公共卫生中心项目中传染病院区和综合院区的建设规模和床位数的设置依据为国务院应对新型冠状病毒肺炎疫情联防联控综合组《新冠肺炎定点救治医院设置管理规范（第二版）》要求，以及西安市新型冠状病毒肺炎疫情防控指挥部办公室《关于西安市公共卫生中心建设项目规范设置床位的通知》（市疫指办函〔2022〕591号）的相关要求。本项目根据西安市的人口规模为1000万～2000万，拟设床位总数不少于1500张；重症救治床位要达到医院总床位数的10%，同时，按照平急结合原则建设可转换重症救治床位，确保有需要时重症床位可扩展至不低于床位总数的20%。因此，西安市公共卫生中心项目按照平时约1500床（其中综合院区约1000床，传染病院区500床）设计，急时可转换为1500床定点医院。

另外，根据国务院应对新型冠状病毒肺炎疫情联防联控机制综合组《新冠肺炎方舱医院设置管理规范（试行）》以及陕西省应对新型冠状病毒感染肺炎疫情工作领导小组办公室发布的《关于报送新冠肺炎方舱医院建设方案的紧急通知》（联防联控机制综发〔2022〕22号）文件，每省份原则上应准备2～3家方舱医院，每家按2000～3000床位的规模设置。因此，疫情严重时，可利用场地东侧空地建设2400～3000床临时方舱医院，进入急时模式状态，项目总体形成1500床定点医院与2400～3000床方舱医院。

国务院应对新型冠状病毒肺炎疫情联防联控机制（医疗救治组）发布的《新冠肺炎定点救治医院设置管理规范》中提到，定点医疗机构要配备充足的医疗力量。普通病区应达到医护比1：2.5，床护比1：1，重症病区应达到医护比1：3，床护比1：6，要在呼吸、感染、重症等专业基础上，配备一定数量的呼吸治疗师。同时，根据医院使用方实际需要，本项目最终在指挥保障中心北侧高层配套建设800人职工倒班宿舍。

10.3 平急两用的模块化单元

西安市公共卫生中心采纳了第五代医院的先进设计理念，"以病人为中心"是其核心价值导向。强调人流、物流及技术支持系统的高效配置，从建筑布局上着手，构建了大规模的科室体系，这不仅促进了不同学科间的深度融合与协作，而且为多学科协作（MDT）打下了坚实的基础，从而显著提升了病患的治疗效果。在建筑形态上，倡导让传统"站起来"的医院"躺下来"，采用了分布式和模块化的设计方案。这种设计有效减少了病患及物流对电梯的依赖，缓解了交通拥堵，使得整个医疗流程更为顺畅。此外，更大的单层空间和更好的通风条件也大大降低了交叉感染的风险。同时，这种模块化的布局方式也为应对突发公共卫生事件提供了转换的灵活性和可能性，代表了现代医院设计的新趋势。

护理单元的平急两用设计采用了第五代医院模块化的设计理念，这种设计在转换灵活性和使用便利性上具有显著优势。综合院区住院楼分为三栋，传染病院区住院楼分为两栋，均采用单元式布局。这种布局方式可在急时根据公共卫生事件的发展情况逐步转换，大大提高了转换的灵活性。相似的护理单元布局形式也为医护工作者提供了便利：急时可根据公共卫生事件发展情况灵活地调配医护人员，医护人员可迅速适应工作场所，提升了转换的灵活性和响应速度。

平急两用的模块单元可分为综合医院护理单元、传染医院护理单元和其他三类：

1. 综合医院护理单元的平急两用设计

综合院区作为地区应对各种疾病的常态化医疗资源，其护理单元的平急两用设计应当充分兼顾平时的运营和急时的转换响应。以西安市公共卫生中心综合院区为例，平时作为普通护理单元，本着医患分流、洁污分流的设计原则。医护区、护理区、患者区相对集中，并设置医护走廊和护理走廊，保证了日常医疗护理流程的安全高效。这种功能集中、医患分流的设计为急时的快速转换打下了基础。

急时通过空间置换和流线控制的策略，配合一批快速响应的节点技术（如可迅速转换的阳光间折叠隔断、装配式建造技术等），快速完成转换以形成标准的三区两通道的呼吸道传染病护理单元布局。

具体来说，功能上得益于平时三区（医护区、护理区、患者区）的集中设置，急时可迅速转换成对应的清洁区、半污染区和污染区。流线上，在保持原医护走廊不变的前提下，通过打开病房外侧阳光间隔断可迅速转换出患者走廊，形成急时的双通道。同时通过功能置换策略，配合可转换隔墙，可将平时部分功能空间（办公室、检查室、电梯厅）迅速转换成急时所需的卫生通过空间。

而在机电专业的转换上：给水排水以及电气系统在平时已按照规范要求分区设计，可兼容急时运行需求。急时仅需在通风系统预留接口处安装送风机、排风机、排风口等设施配件，配合控制系统的一键切换，可迅速转换成呼吸道负压病区，满足最严格的呼吸道传染病的护理要求。

在突发公共卫生事件结束后，如何高效地进行"急转平"，也是平急两用设计应当考虑的现实问题。得益于综合院区护理单元的设计中将急时三区（清洁区、半污染区、污染区）和平时三区（医护区、护理区、患者区）进行了高度的对应，急转平时仅需对卫生通过空间和患者走廊进行转换即可。具体来说，"急转平"仅需将新增隔墙拆除，并编号存储，以备再次使用；同时，关闭患者走廊折叠隔断，恢复病房外阳光间；机电相关的设置则通过控制管理系统一键切换为平时使用模式，无需拆除新增设备。

2. 传染医院护理单元的平急两用设计

传染病院区的转换具有多种模式，包括非呼吸道传染病护理单元向呼吸道传染病护理单元的转换、呼吸道传染病护理单元中部分病床向 ICU 病床的转换，以及呼吸道传染病护理单元全面转换为 ICU 病床。这三种模式提供了灵活的应对策略，以适应不同级别的公共卫生紧急情况。

在功能分区设计中：简化了急时半污染区，保留了必要的治疗支持用房，其余用房设置于清洁区，以提高医护人员的安全性。同时，将箱式物流设置于清洁区，内部通过传递窗传递，确保了物流的安全性，并减少了医护人员的流动。

在流线组织设计中：明确区分了入院和出院患者流线，避免了院内交叉感染。医护人员流线根据院感控制要求并结合实际工作经验进一步细化，区分了"半污染区医护人员流线"和"污染区医护人员流线"。此外，在物品流线设置上进行了精细化设计，创新性地将传递窗与观察窗结合，提高了医护观察的便利性，并获得了实用新型专利。

在卫生通过设计中，采用弹性空间设置，急时作为各区域间的强制性卫生通过使用，平时作为办公室、仪器室等使用，尽可能高效地利用护理单元内空间。

传染病院区护理单元的"平急两用"尽可能简化了物理空间转换。空间布局以弹性设计为主要理念，方便简化急时的土建需求，可满足快速转换的时效性需求。由于传染病院护理单元转换不涉及新建土建装置，因此，"急转平"时做好空间消毒即可再次投入使用。在ICU病房转换方面，本项目通过落实《关于西安市公共卫生中心建设项目规范设置床位的通知》所提建议，急时，即西安市公共卫生中心作为定点医疗机构时需设置总床位数10%的ICU病床，安装了立式固定吊塔，方便急时转换。"急转平"状态下得益于立式吊塔占地面积较小的优势，院方可根据实际需求增加病床将两人间或一人间ICU病房转换为普通的三人间或两人间病房使用。

3. 其他类型护理单元的平急两用设计

除以上两种平急两用的护理单元类型外，其他类型的护理单元由于条件有限，难以转换成标准的呼吸道三区两通道的布局模式。一般在满足院感控制的情况下，以整栋病房楼为单位转换成污染区。这种情况下，医护人员工作期间需长期待在污染区，面临较大的身心压力，缺少人性化关怀。该类医院护理单元的平急转换一般作为突发公共卫生事件发展严重时对前两者的补充。

10.4　平急两用的病房模式

病房空间是现代医院平急两用设计中的重要一环。西安市公共卫生中心中病房主要分为三种模式，分别为综合院区病房、传染病院区病房和传染病院区ICU病房。

普通现代医院病房空间模式较为固定，无法通过简单的装置变换达到平急两用，该类病房若想达到传染病病房标准，需要进行大量的土建改造，且改造后一般很难逆向转换回平时状态。不同于一般现代医院病房设计，西安市公共卫生中心综合医院病房基于平急两用理念设计，病房平时作为普通三人间或两人间使用，急时转换为具有负压设计的呼吸道传染病病房。项目在空间布局上，每两个病房为一组，并采用对称设计，卫生间共用水管井。在病房内，设计了前室并预先安装了洗手池，预留了可用于负压病房转换的新风和排风口。在病房外侧设置了阳光房，平时作为患者休养疗愈的人性化空间，急时阳光房之间通过可折叠隔墙转换为患者通道。这样的病房设计在提高患者的舒适感和医疗体验的同时，尽可能简化了急时对于病房空间的土建改造，折叠隔墙的设计使得平急模式间的切换方便快捷。

传染病院区病房设计同样是基于平急两用的设计理念建造的，传染病院区病房分为两类，分别为呼吸道传染病病房和非呼吸道传染病病房。平时两类病房分别收治不同疾病患者，急时所有病房转换为呼吸道传染病病房，并且部分病房转换为传染病 ICU 病房用于收治危重症患者。西安市公共卫生中心在传染病院区病房设计中，为缩短急时空间改造时间，呼吸道与非呼吸道病房均按照负压病房所需空间条件设计布置，主要区别在于病房的负压装置是否开启。病房设置病房前缓冲空间、观察窗与物品传递窗，以增强病房气密性，阻断污染空气流向半污染区。管道风井设计方面，排风竖井设置于单元病房柱跨之间，排风主管道位于屋面，节省病房内吊顶空间。且各管道间采取密封措施封锁，防止发生污染。由于各方面机电设备安装完善，因此急时医护人员可通过控制管理系统一键切换，转换相比综合院区病房更加高效快捷。急时除非呼吸道传染病病房转换为负压病房，传染病院区病房转换还包括 ICU 病房转换。ICU 病房转换是在负压病房的基础上，通过床位变动以及增加相关医疗设备完成病房转换，包括两人间病房转换为一人间 ICU 病房与三人间转换为两人间 ICU 病房。

10.5　平急两用运维管理

由于突发公共卫生事件危害程度大，涉及范围广，成因复杂多样，对医院的运维管理提出了更为苛刻的要求。本书所提出的院区总体规划设计，护理单元功能布局、流线组织等方面的转换都需要建立在良好的运维管理基础之上。

具体的运维管理措施包括：制定详尽的应急预案，涵盖建筑空间的快速转换、医疗设备的紧急安装与调试以及人员和医疗资源的迅速调配；加强医护人员对平急不同平面功能布局和医疗流程的了解，确保他们能够在急时严格遵守医疗隔离和卫生标准，保障医疗服务的安全性；鉴于急时对医护人员的需求激增，医院应在平时建立医护人才储备库，并通过培训，确保急时能够迅速动员；明确急时的物资需求，建立可靠的物资供应网络，并制定清晰的物资调配和使用流程。对于急时可能迅速增加的医疗耗材，应提前储备，而对于新增的设备设施，则需明确其技术参数和采购渠道，以确保能够及时采购和投入使用；采用持续的质量监控体系，对护理环境和医疗流程进行实时监控；关于急转平，应当做好相应预案并预留相应的设备、设施库，以用于急转平时拆卸的相关隔墙、设备的存储。拆除相关设备设施时应进行对应编号，以保证下次转换时能够快速复用。

10.6　平急两用典型示范

本书以西安市公共卫生中心项目为蓝本，深入阐述了平急两用建筑空间设计领域的创新理念、策略与实践应用。书中将平急两用医疗应急服务设施的设计策略凝练为四个层级（图 10.1）：区域（区域应急基地）、总体（定点医疗机构）、单体（模块化护理单元）和个体（平急两用病房），这四个层级共同构成了设计的理论框架和实践指南。通过对这些设计策略的全面剖析，旨在为读者呈现一个多维度、系统化的平急两用医疗设施设计视角。

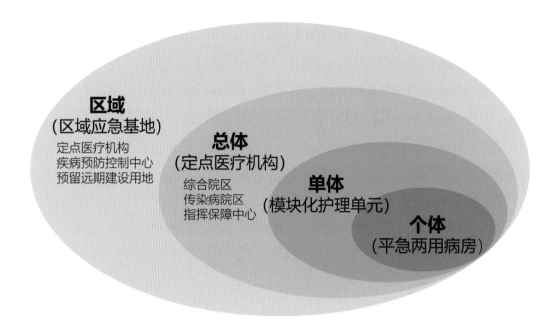

图 10.1　平急两用设计层级示意图

　　西安市公共卫生中心项目作为平急两用设计模式的典型示范。项目在从平急两用区域性应急基地、定点医疗机构到平急两用的模块单元再到平急两用的单体病房模式四个层级上均展现了平急两用设计策略的灵活性和多样性。项目为其他地区的公共卫生设施建设提供了可借鉴的经验，特别是为在面对突发公共卫生事件时，如何快速响应和有效处置方面提供了重要的参考。

西安市公共卫生中心项目简介

11.1 项目背景

随着西安加快建设国家中心城市，城市人口迅速增加，对基础配套和城市要素提质增量提出了更高要求。公共卫生中心的建设，可有效提高城市应急处置能力，在预防疾病、延长寿命、促进身心健康等方面发挥重要作用。该项目是城市功能的重要元素，是保障民生的重要工程，是推动可持续发展、覆盖西安市、辐射全省公共卫生服务体系的重要组成部分，将按照国家中心城市要求，按照国家标准、一流水平进行设计建设，全力保障千万级人口大城市的现代公共卫生服务，推动健康西安建设。

11.2 项目概况

11.2.1 项目构成

本项目总体规划充分考虑远期发展：整体用地范围划分为三大区域五个部分：1500 床三甲医院（500床传染病院区，1000 床综合院区，指挥保障中心）、西安市疾病预防控制中心、预留远期建设用地。根据功能需求分期建设，先期在地块北部中间位置建设临时应急医院（已建成），二期在西侧地块建设综合院区、传染病院区以及指挥保障中心，南地块建设市疾病预防控制中心，全部建成后拆除临时应急医院，地块东侧为预留远期建设用地。

这样的规划思路，结合从总体布局平急转换、护理单元平急转换到病房平急转换三部曲，进行平急转换，最终形成总计 1500 床的具有传染病大专科的综合医院，其中综合院区护理单元可随时转换为传染病护理单元，实现平急两用的设计思路。平时 500 床传染病院区和 1000 床位综合院区结合使用，急时可转换为 1500 床传染病医院，形成西安市用于防治突发公共卫生事件的定点医疗机构。能够有效地解决当地居民的日常医疗需求，同时兼顾传染病防治的社会利益，确保医院的持续运营。项目效果如图 11.1～

图 11.7 所示。

图 11.1　西安市公共卫生中心鸟瞰图一

图 11.2　西安市公共卫生中心鸟瞰图二

图 11.3 西安市公共卫生中心综合院区主入口

图 11.4 西安市公共卫生中心综合院区沿街透视图

图 11.5 西安市公共卫生中心传染病院主入口

图 11.6　西安市公共卫生中心整体透视图

图 11.7　西安市公共卫生中心指挥保障中心沿街透视图

11.2.2　项目选址

本工程位于陕西省西安市高陵区 310 国道和 210 国道两条公路的交汇点，计划占地 500hm²。高陵区地处西安市的最北方，属近郊。农业、工业和服务业是其主导产业。东靠临潼区，南接未央区、灞桥区，西连咸阳市渭城区、三原县、泾阳县，北临阎良区。据中心城区约 20km，距离适中，远离城市居民区和人群聚集场所，有利于降低医疗风险。符合传染病医院选址安全性考量。公共交通方面，选址距咸阳国际机场 43km，距高铁站 26km，距西安火车站 18km；道路方面，临近京昆高速、西安环城高速，与延西高速、连霍高速、包茂高速联系紧密。市内外交通联系方便，平时市内患者就医转诊方便，急时周边交通既支持城市内部大规模的物资和人员运输，也同周边城市密切联系，符合传染病医院选址交通通达性与平急两用原则，项目区位及交通如图 11.8 所示。

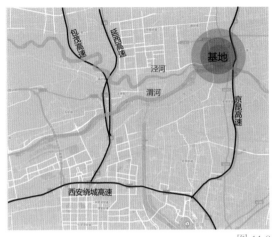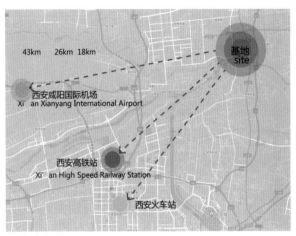

图 11.8　区位及交通

项目总规划用地 285 亩，净用地面积 229.86 亩。其中综合院区和传染病院区净用地面积 149 亩，采用平急两用的设计理念。后勤指挥保障中心用地面积为 30 亩，康复疗养花园用地 50 亩。基地东侧与西侧分别为西汉公路、泾惠五路；北侧为泾高南路；基地周边拥有良好的市政配套设施，具备污水处理、垃圾处理等传染病医院所需配套条件，如图 11.9 所示。

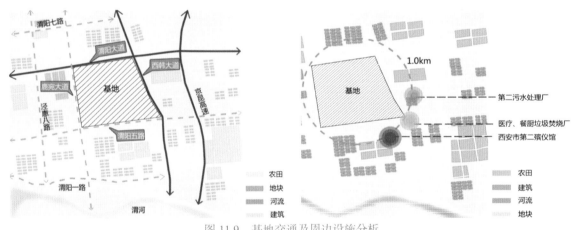

图 11.9　基地交通及周边设施分析

11.2.3　项目设计理念

（1）总体设计理念

西安市公共卫生中心项目的总体规划中，综合院区与传染病院区住院楼呈"双 E"布局，喻有"生命之翼、希望之翼"之意，也有综合和专科"比翼双飞"的寓意，如图 11.10 所示。

西安市疾病预防控制中心总体综合办公区和实验区呈双"E"布局，提取 E 字形态通过组合及变形形成稳重又多变的空间形态，可以为疾病预防控制中心的高效工作提供极大助力；并且 E 字形态带来多重院落空间，使得功能相似但需相对独立的实验室部分有良好的通风采光及庭院景观，办公部分围合主庭院营造景观焦点，也充分体现了创造融入自然的生态办公实验环境空间的宗旨，如图 11.11 所示。

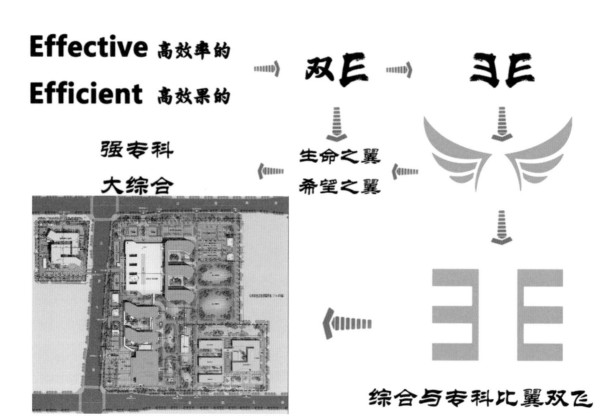

图 11.10　西安市公共卫生中心设计理念

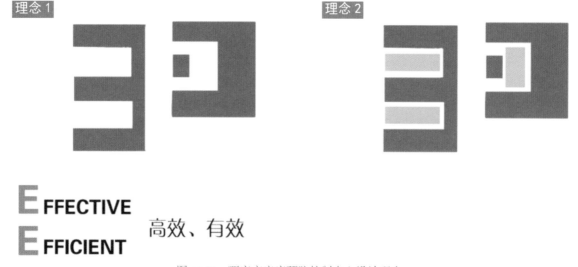

图 11.11　西安市疾病预防控制中心设计理念

（2）建筑造型设计理念

项目设计在深入探索丝绸之路文化精髓的基础上，巧妙地将唐代歌舞非遗文化的灵动与优雅，融入建筑的设计与构造之中。建筑的外立面采用了柔和的曲线设计，赋予了建筑一种开放而充满活力的气质。曲线的运用不仅带来了视觉上的享受，更在无形中营造出一种温馨而亲切的氛围，极大地缓解了传统医院建筑可能带给人们的严肃与紧张感。它以一种现代而又不失古典韵味的方式，向世人展示了丝绸之路文化的深远影响，以及唐代文化中独有的包容与大度。在这里，每一位患者都能感受到来自设计者细致入微的人文关怀，从而在治疗的同时，得到心灵的慰藉与放松。如图 11.12～图 11.14 所示。

项目由综合医院和传染病医院两个医院构成，如何使二者达到有机的统一和对比，是此项目中造型设计的一大难点。

统一：通过相同的住院楼形式和贯通两个院区的"飘带"，实现综合医院和传染病医院造型的统一

图 11.12　西安市公共卫生中心立面统一与对比分析一

统一与对比

对比：

综合院区门诊：
　　通过"飘带"均衡住院楼和门诊端部的体量，形成沉稳、端庄的立面构图气质。

传染院区门诊：
　　门诊部大厅的形体向前凸出，同时配合适宜的变形，营造灵动飞翔的形体之势，形成灵动、精致的立面造型。

图 11.13　西安市公共卫生中心立面统一与对比分析二

住院楼造型设计

建筑立面以纯净轻盈的姿态徐徐展开，白色自由的飘带形式拉结了整个核心医疗区，五栋前后错动的住院单元楼，也在其四周复合铝板表皮做了不同幅度且契合形体的的环绕包覆造型，统一且连续的隐喻了医疗呵护生命的精神主旨。

图 11.14　西安市公共卫生中心住院楼造型分析

柔和曲线元素在设计上的使用使得院区内外空间贯通一气，志趣横生。柔和曲线应用于外立面之上，打破原有单调的立面观感，也在形成韵律感的同时间接地增大窗户的采光面积；曲线元素使得入口空间得到收束的同时，强调了空间的秩序性；公共大厅利用曲线元素形成自下而上的聚拢效果，竖向空间层收进，水平空间步步延展，大厅空间庄重且不失明快。如图 11.15 所示。

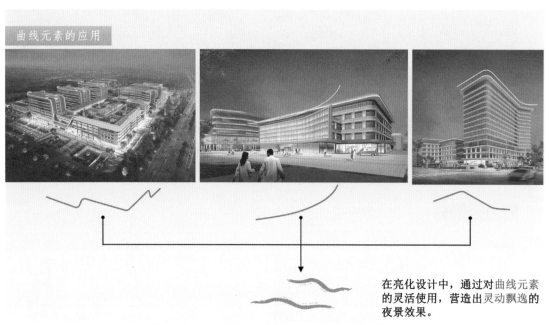

图 11.15　西安市公共卫生中心立面曲线元素分析

　　建筑外立面除采用柔和的白色曲线外，在建筑裙房处，还增加了仿木纹穿孔复合铝板装饰，打破了医疗建筑外立面纯色氛围的单调性。在三栋综合住院楼和两栋传染病住院楼的侧面安装有仿木纹纵向格栅装饰带，顺着整体建筑群的飘带曲线造型延伸，贯穿于整个建筑群体，使得这座群体医疗建筑更加舒展连贯。如图 11.16 所示。

图 11.16　西安市公共卫生中心传染病院区墙型一

在建筑立面细节方面，通过精细化的外立面幕墙设计，营造出柔和连续的立面效果。外立面选取了骨白金属粒子氟碳滚涂板、4mm厚复合铝板、8mm厚穿孔面板、仿木纹复合铝板等材料，营造出简洁流畅的白色金属线条，并点缀以木色金属装饰，为立面增添活力。如图11.17～图11.22所示。

传染病院区墙型二

构造、泛光做法

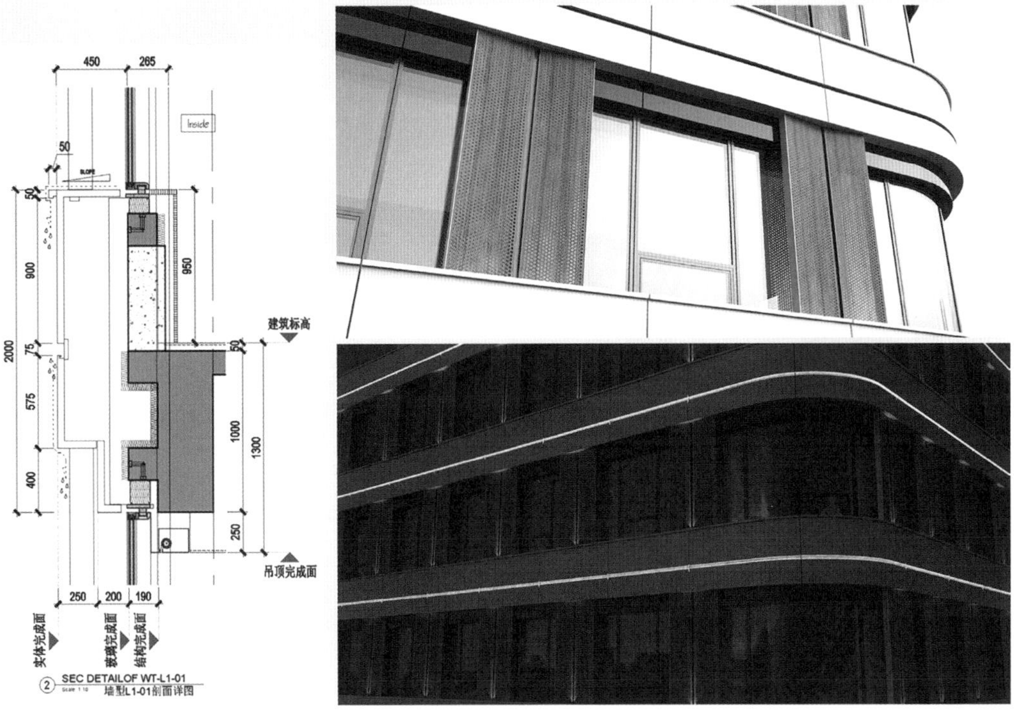

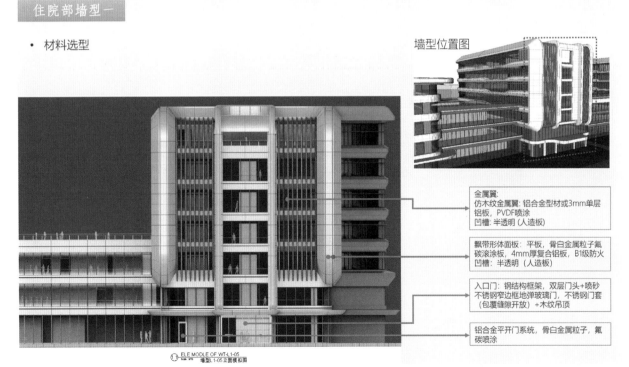

图11.17　西安市公共卫生中心传染病院区墙型二

住院部墙型一

• 材料选型

墙型位置图

金属翼：
仿木纹金属翼：铝合金型材或3mm单层铝板，PVDF喷涂
凹槽：半透明（人造板）

飘带形体面板：平板，骨白金属粒子氟碳滚涂板，4mm厚复合铝板，B1级防火
凹槽：半透明（人造板）

入口门：钢结构框架，双层门头+喷砂不锈钢窄边框地弹玻璃门，不锈钢门套（包覆缝隙开放）+木纹吊顶

铝合金平开门系统，骨白金属粒子，氟碳喷涂

图11.18　西安市公共卫生中心住院部墙型一

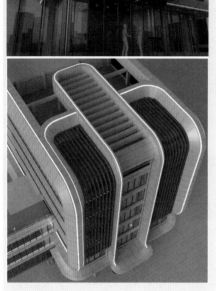
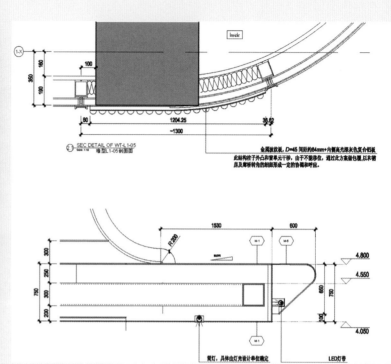

图 11.19 西安市公共卫生中心住院部墙型二

住院部墙型三

· 材料做法

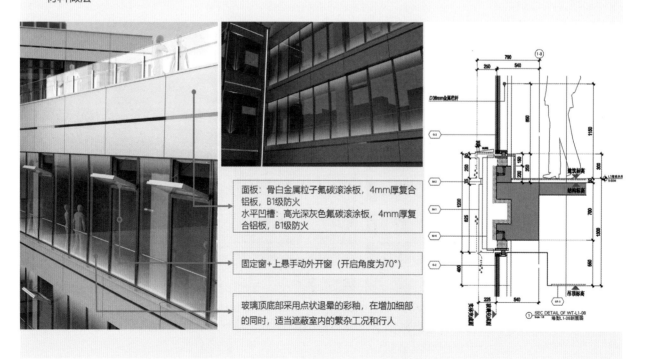

面板：骨白金属粒子氟碳滚涂板，4mm厚复合合铝板，B1级防火
水平凹槽：高光深灰色氟碳滚涂板，4mm厚复合铝板，B1级防火

固定窗+上悬手动外开窗（开启角度为70°）

玻璃顶底部采用点状退晕的彩釉，在增加细部的同时，适当遮蔽室内的繁杂工况和行人

图 11.20 西安市公共卫生中心住院部墙型三

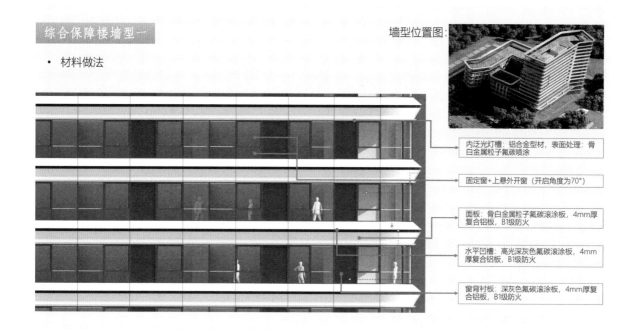

图 11.21 西安市公共卫生中心综合保障楼墙型一

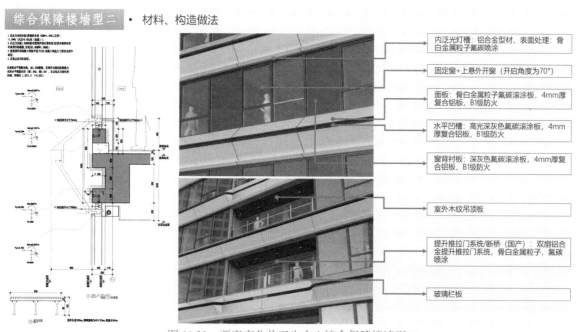

图 11.22 西安市公共卫生中心综合保障楼墙型二

（3）夜景照明设计理念

医疗建筑空间的灯光兼具照明和装饰双重作用，在医院设计项目实践中要综合考虑其功能性需求和医院绿色管理要求。良好的医院照明系统，在明亮舒适的环境下能够舒缓病人的不良情绪，使病人能安心地等待就诊和治疗，为治疗带来积极的结果，保证医务工作者能高效快捷地完成各项工作。

以创造健康的光环境为前提，在本项目楼体本身建筑夜景、周围光环境、区域光环境、过道走廊灯不同区域设计不同的照明方案，以消除患者的紧张情绪，同时提供适宜的照度、均匀度，保证医护人员开展工作的必要照明需求。照明结合室内空间中采用的各种彩色元素，主照明色温使用纯净、冷静的

3500～4500K暖光，来平衡患者和医护人员对空间色温的需求。夜景亮化图如图11.23～图11.25所示。

在本项目设计中，传统艺术性与创新技术性协调、平衡。因此，在设计中，灯具造型风格多贴合建筑格局，在光源的选择中，多用LED光源，大大降低了运营和维护成本，充分利用现场结构和条件进行设计，每个灯位都精心布局，充分实现光的有效利用。色温采用更为舒适的3500K左右的暖光。室外场地绿化区树木采用3000K照树灯投亮，营造温馨、舒适、雅致的游览环境。

西安市公共卫生中心项目夜晚泛光照明应满足光环境需求，不断提高景观照明的安全性和舒适性。严格控制对周边片区潜在的光污染，减少逸散光。以可持续发展为指引，通过积极利用高效照明节能产品和新能源，减少城市照明能源消耗和温室气体排放，使区域城市照明发展与经济社会发展水平相适应。

以多层次建筑空间照明打造形态上的记忆点，让人在室外体验到不同的空间感受，建筑与景观混为一体，增加每栋建筑的指引性和特色性。建筑顶部夜间照明以浪花雪花的白色为主色调，顶部为暖光，冷暖对比增加整体氛围感。

图11.23　西安市公共卫生中心综合院区夜景亮化图

图11.24　西安市公共卫生中心传染病院区夜景亮化图

图 11.25　西安市公共卫生中心夜景亮化图（实景）

11.3　总体规划布局

1. 打造合理安全的医疗空间秩序

现代医院建筑是一个极其复杂的、工艺流程极强的功能性建筑，新建综合医院的规划设计应当注重医疗空间秩序，以保障医患双方的安全。西安市公共卫生中心项目医疗空间秩序的规划设计从功能布局、流线组织和院区管理等方面展开，建筑总平面如图 11.26 所示。

首先，功能布局按照医疗服务流程和风险等级分区布局，实现了医患分流和洁污分流。医院的各个功能区域相对独立，防止不同风险等级的人员和物品交叉感染。

其次，在流线组织方面，实现了医护流线、患者流线、洁净流线和污物流线的合理组织，避免医患交叉感染和物品污染。

此外，院区管理也是医疗空间秩序的重要组成部分。项目对于院区内的医疗活动进行严格的管理和监控。保证医护人员、后勤保障人员及其他工作者严格按照院区感控预防指南进行医疗活动。

总之，西安市公共卫生中心项目注重医疗空间秩序的打造，通过合理的规划设计，实现了医患分流、洁污分流，重视医疗管理，从而最大程度地保障医患双方安全。

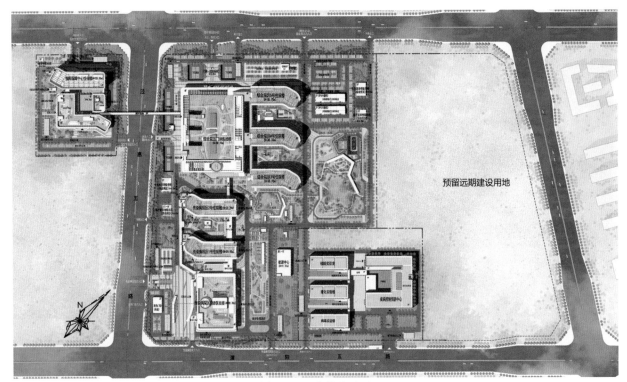

预留远期建设用地

图 11.26　建筑总平面

2.建设经济适用性的综合医院

随着经济社会发展，对于医院公共卫生事件应急保障能力的要求越来越高。然而，传染病疫情暴发具有短时间、瞬发性的特点，护理单元在大部分时间内仍然作为常态化医疗资源使用，用于收治各类常见疾病患者。因此，西安市公共卫生中心项目的规划秉持着经济性的原则，保证建设成本的合理性。

经济性原则主要体现为两方面。首先，通过合理规划院区转换方案，以确保在不同的疫情发展状态下，能够做出相应的转化响应。西安市公共卫生中心综合院区护理单元的综合造价为近 1 万元/m²，相比于同等建设标准的不可转换病区，每平方米高约 10%～15%，符合经济性原则。其造价提高主要来自于洁净物流系统、负压系统、给水排水系统以及智能集成系统、负压监测系统等机电系统。

3.营造充满人性关怀的医疗康复环境

西安市公共卫生中心的建设不仅关注医疗设施的安全性和经济性，还注重营造充满人性关怀的医疗康复环境，帮助患者获得更好的治疗效果和心理安慰。具体而言，在环境设计方面，充分考虑中庭空间、景观绿化等的使用，引入阳光、风等自然元素，营造出舒适的疗愈环境。在护理服务方面，重视患者的身心健康需求，提供全面的健康管理和康复服务，包括心理疏导、营养饮食、体育锻炼等，帮助患者恢复健康。此外，注重医患沟通，建立良好的医患关系，增强患者的信任和依赖，为患者提供高质量的医疗康复服务。

西安市公共卫生中心的建设和设计秉持着人性化的理念，创造了舒适的疗愈环境和全面的护理服务，有助于提高患者治疗效果和心理健康水平，提升医疗机构的整体服务质量。

11.4 建筑平面设计

11.4.1 综合院区平面图（图 11.27～图 11.43）

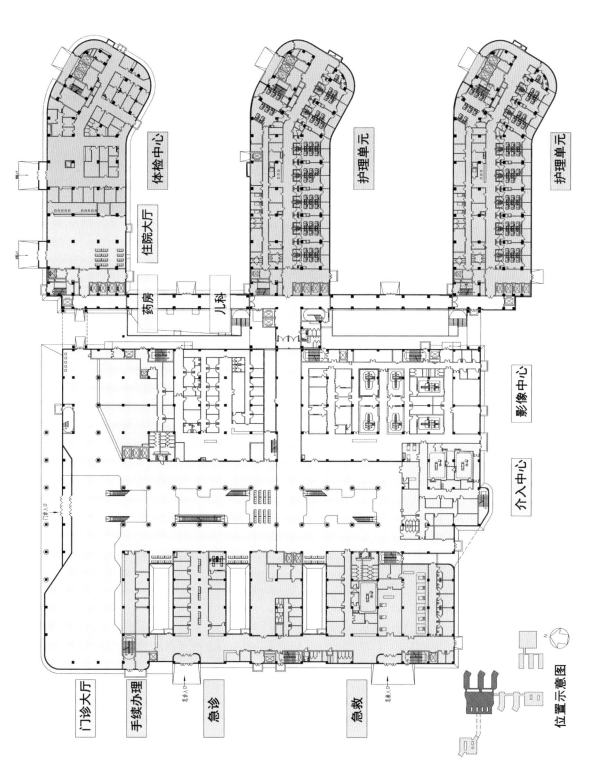

图 11.27 西安市公共卫生中心综合院区一层平面图

体检中心

住院大厅

护理单元

护理单元

药房

儿科

影像中心

介入中心

门诊大厅

手续办理

急诊

急救

位置示意图

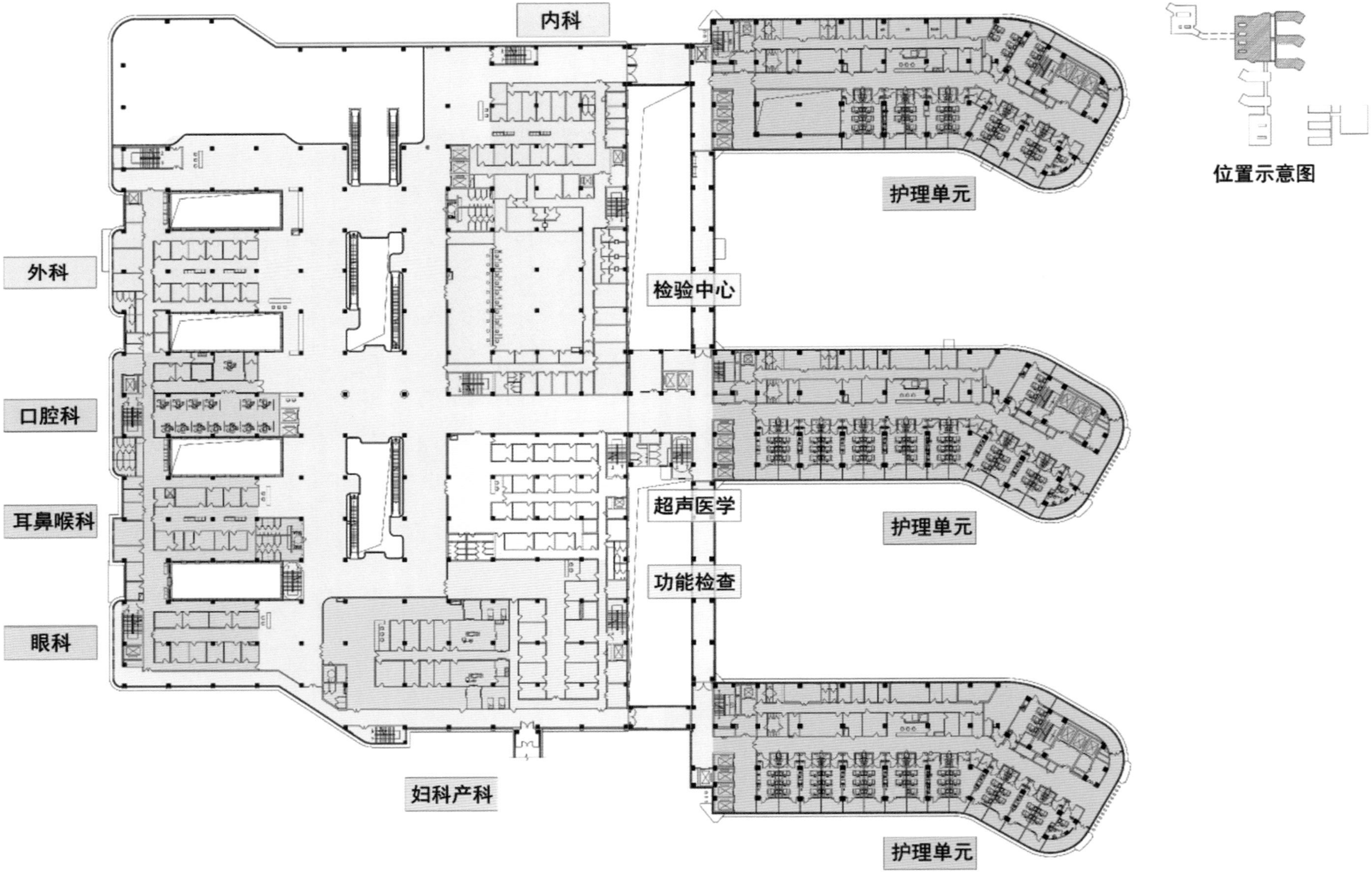

位置示意图

护理单元

护理单元

护理单元

检验中心

超声医学

功能检查

内科

妇科产科

外科

口腔科

耳鼻喉科

眼科

图 11.28 西安市公共卫生中心综合院区二层平面图

现代医院护理单元平急两用建筑空间设计

198

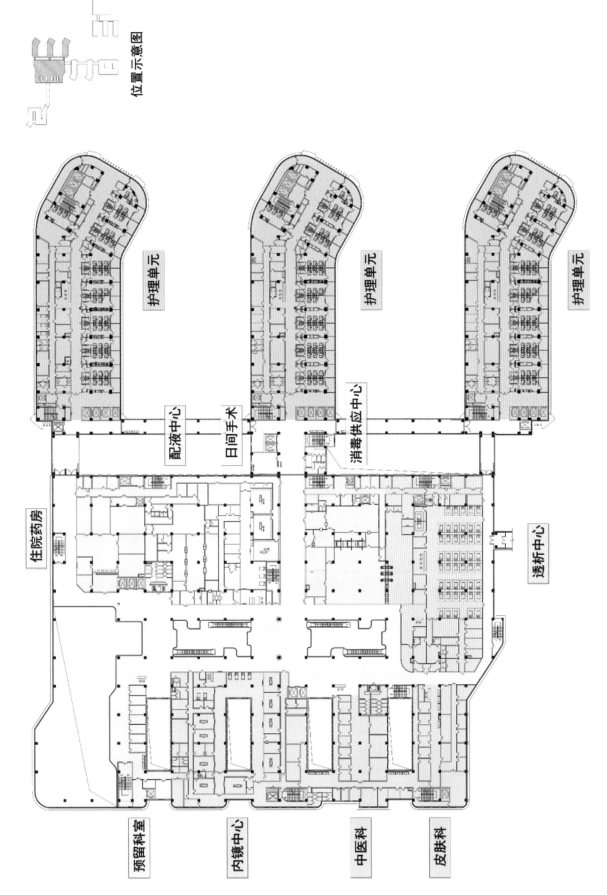

位置示意图

住院药房

护理单元

配液中心

日间手术

护理单元

消毒供应中心

护理单元

透析中心

预留科室

内镜中心

中医科

皮肤科

图 11.29　西安市公共卫生中心综合院区三层平面图

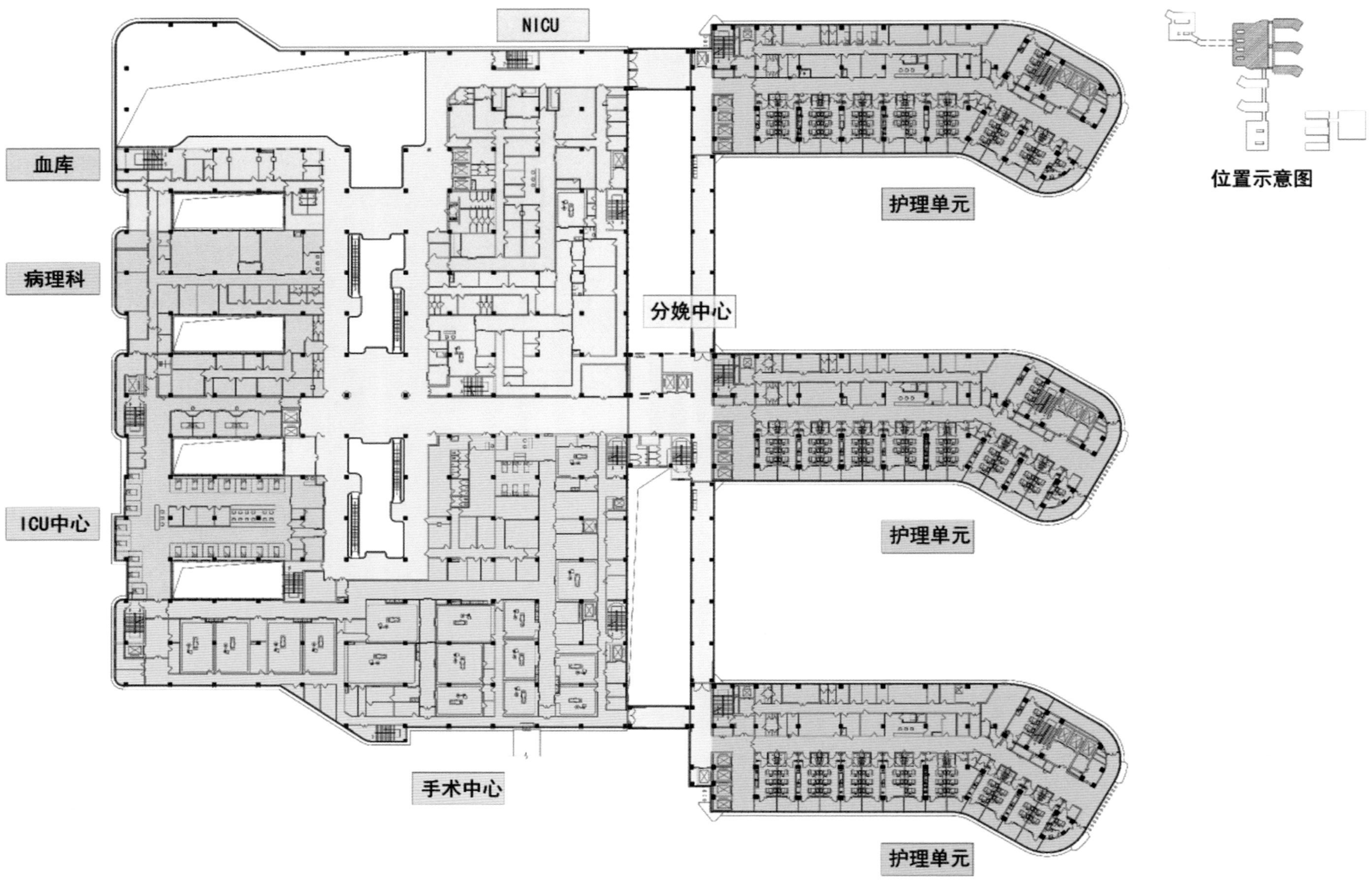

图 11.30 西安市公共卫生中心综合院区四层平面图

位置示意图

护理单元

护理单元

护理单元

分娩中心

NICU

手术中心

血库

病理科

ICU中心

11.4.2 传染病院区平面

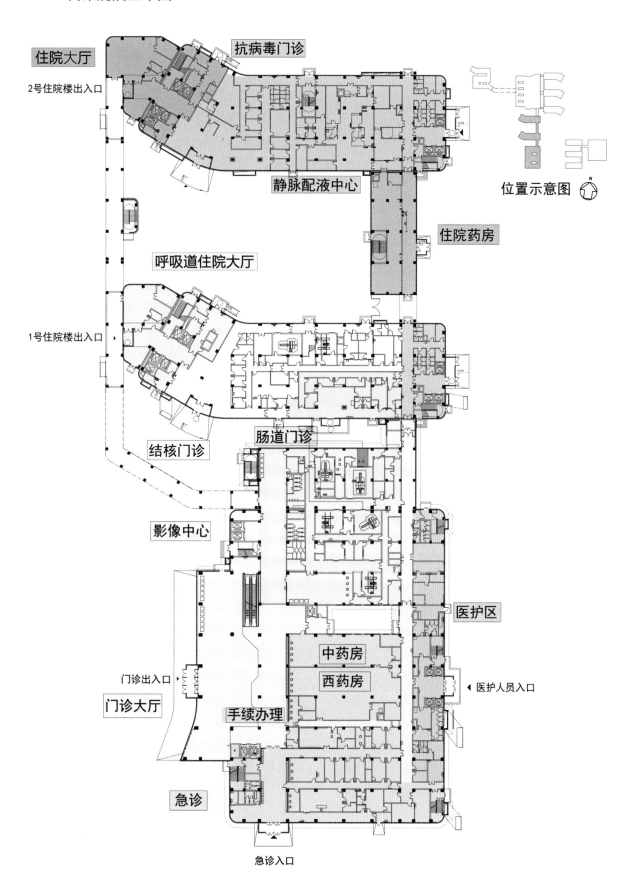

图 11.31 西安市公共卫生中心传染病院区一层平面图

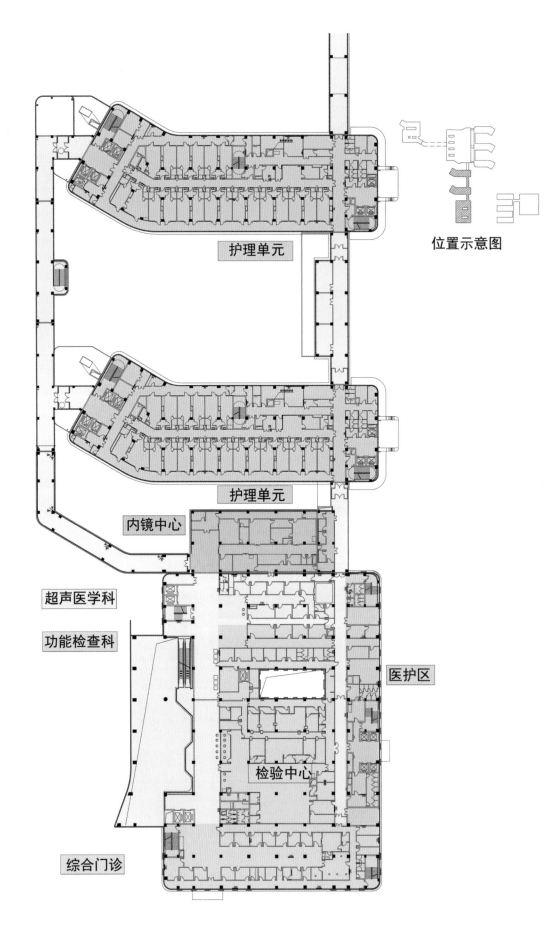

位置示意图

护理单元

护理单元

内镜中心

超声医学科

功能检查科

医护区

检验中心

综合门诊

图 11.32 西安市公共卫生中心传染病院区二层平面图

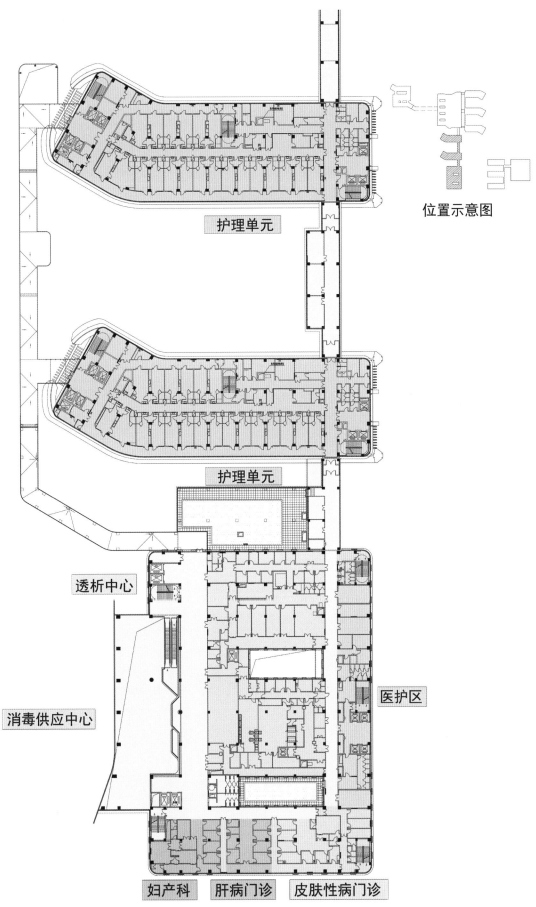

护理单元

位置示意图

护理单元

透析中心

医护区

消毒供应中心

妇产科　　肝病门诊　　皮肤性病门诊

图 11.33　西安市公共卫生中心传染病院区三层平面图

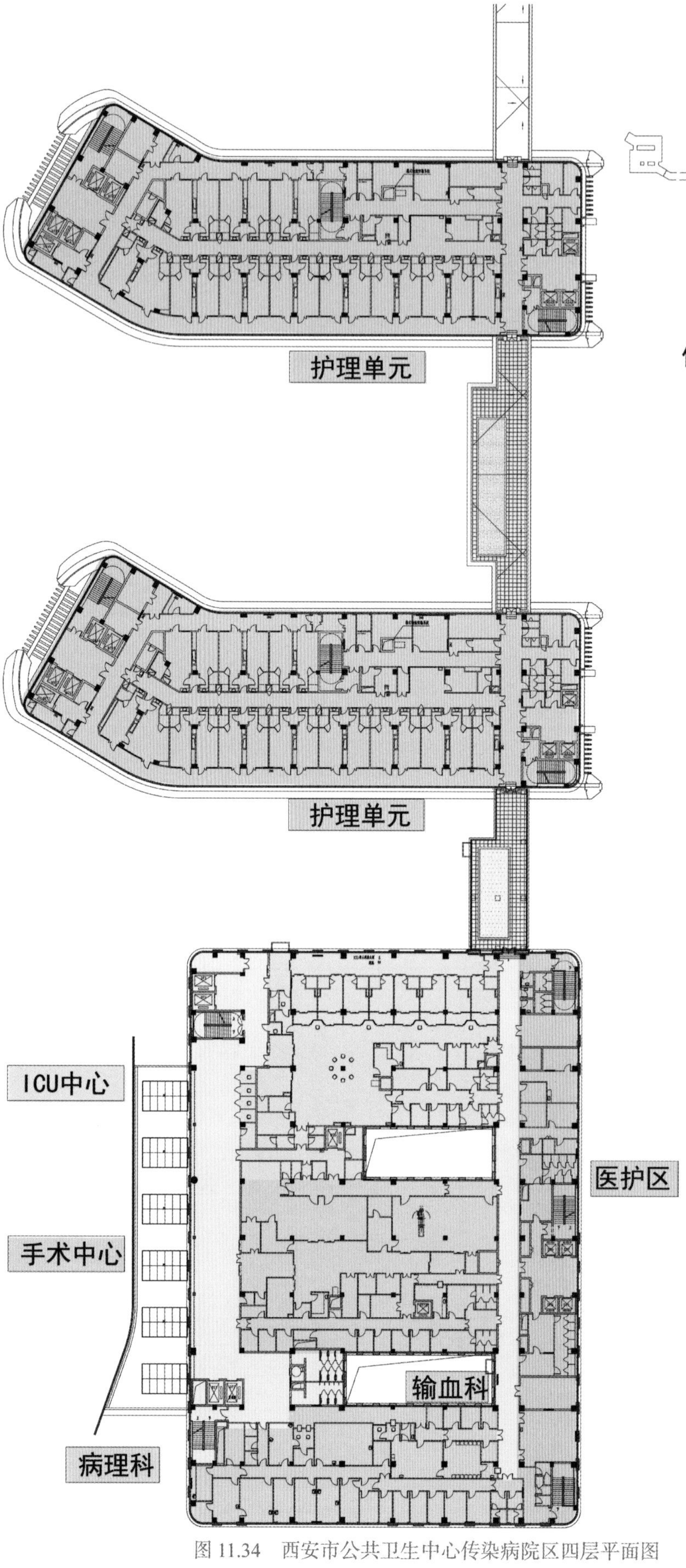

护理单元

位置示意图

护理单元

ICU中心

手术中心

医护区

输血科

病理科

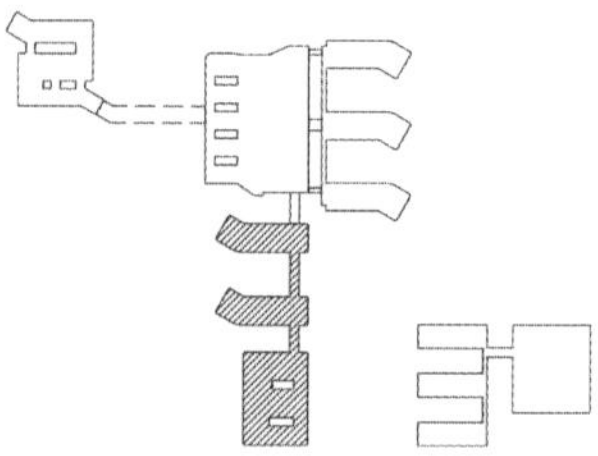

图 11.34 西安市公共卫生中心传染病院区四层平面图

11.4.3 指挥保障中心

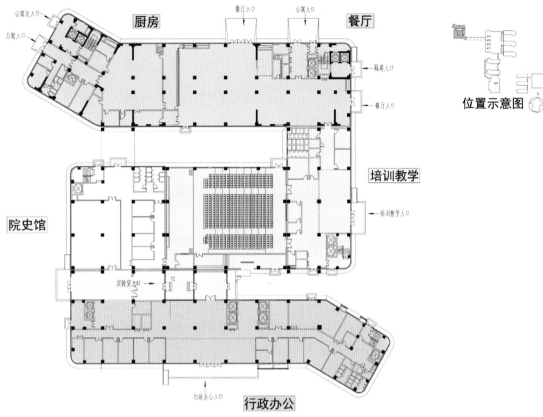

图 11.35　西安市公共卫生中心指挥保障中心一层平面图

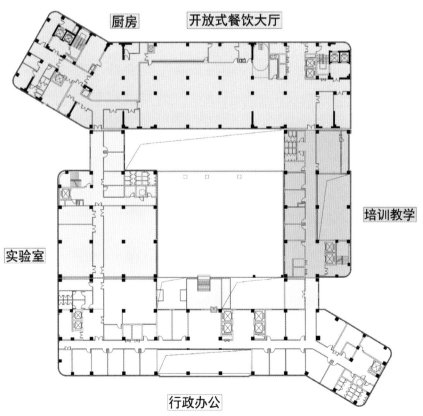

图 11.36　西安市公共卫生中心指挥保障中心二层平面图

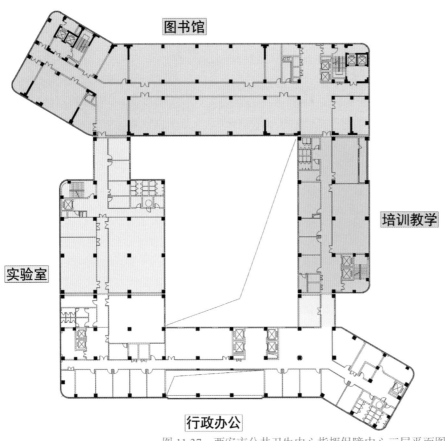

图 11.37　西安市公共卫生中心指挥保障中心三层平面图

图书馆

培训教学

实验室

行政办公

位置示意图

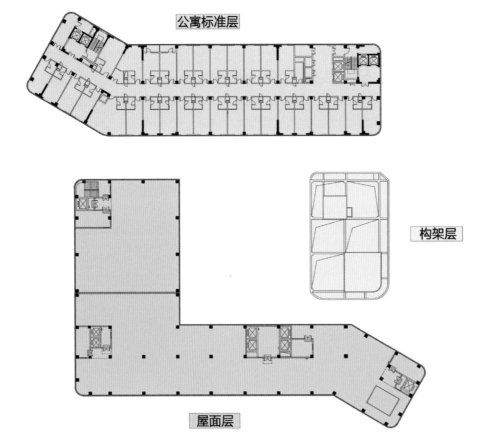

公寓标准层

构架层

屋面层

位置示意图

图 11.38　西安市公共卫生中心指挥保障中心六层平面图

11.4.4　疾病预防控制中心

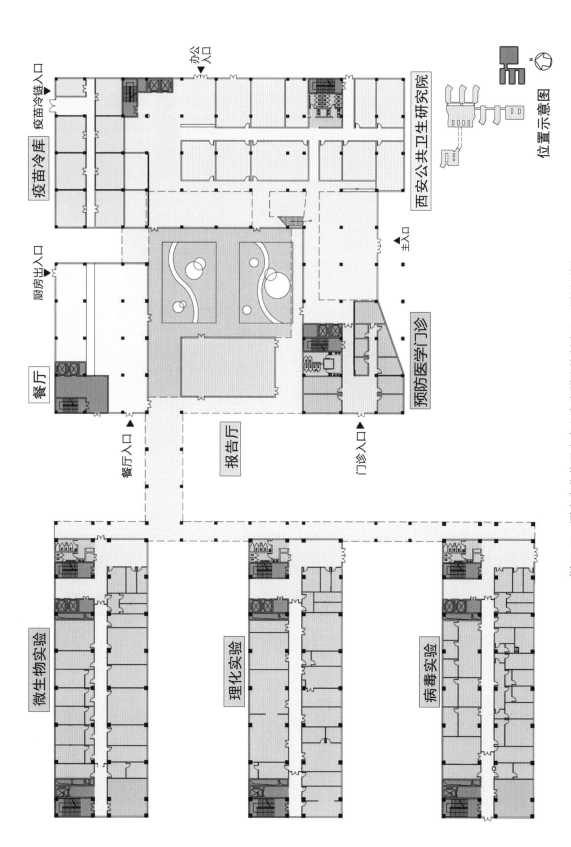

图 11.39　西安市公共卫生中心疾病预防控制中心一层平面图

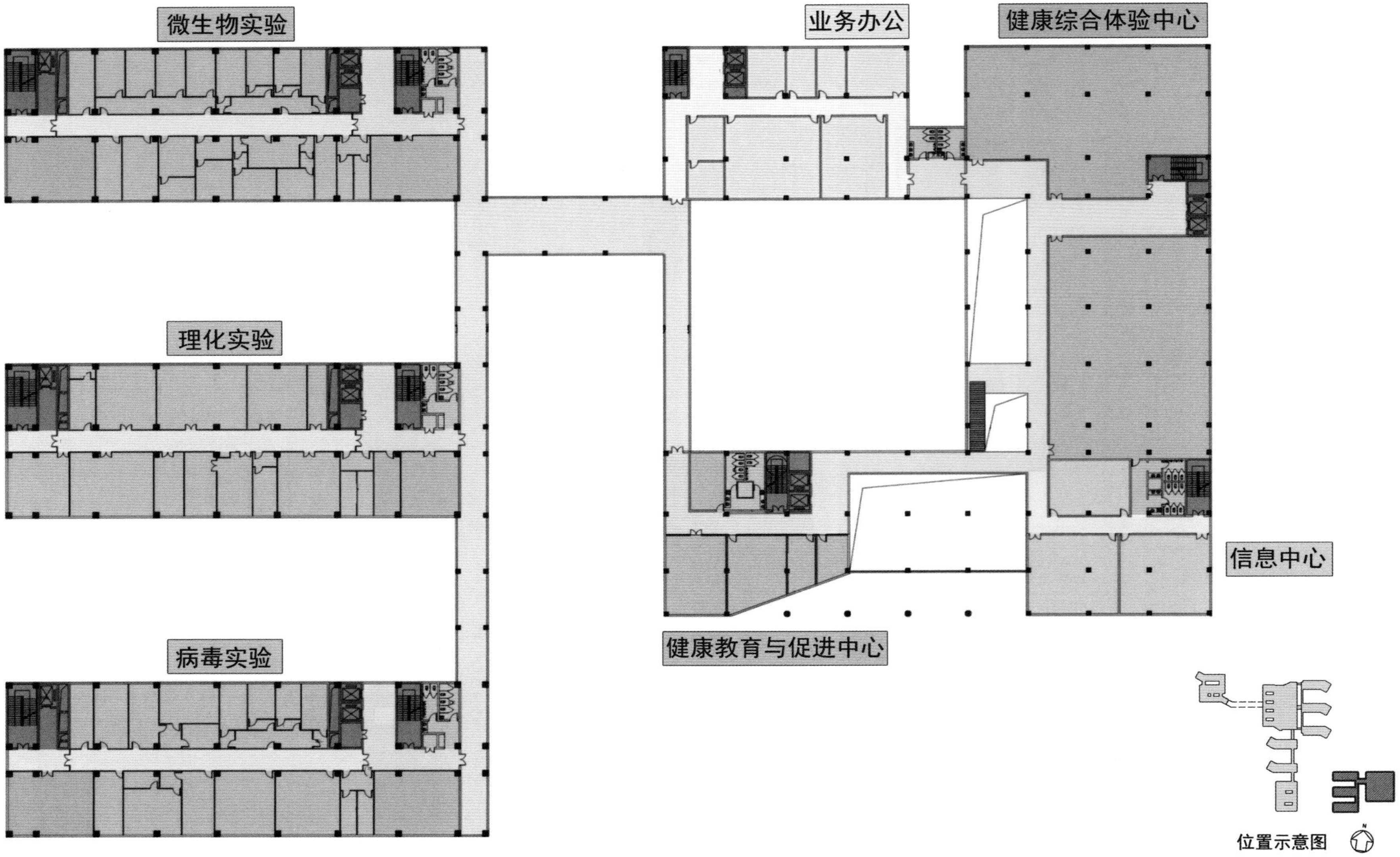

图 11.40 西安市公共卫生中心疾病预防控制中心二层平面图

位置示意图

信息中心

健康综合体验中心

业务办公

健康教育与促进中心

微生物实验

理化实验

病毒实验

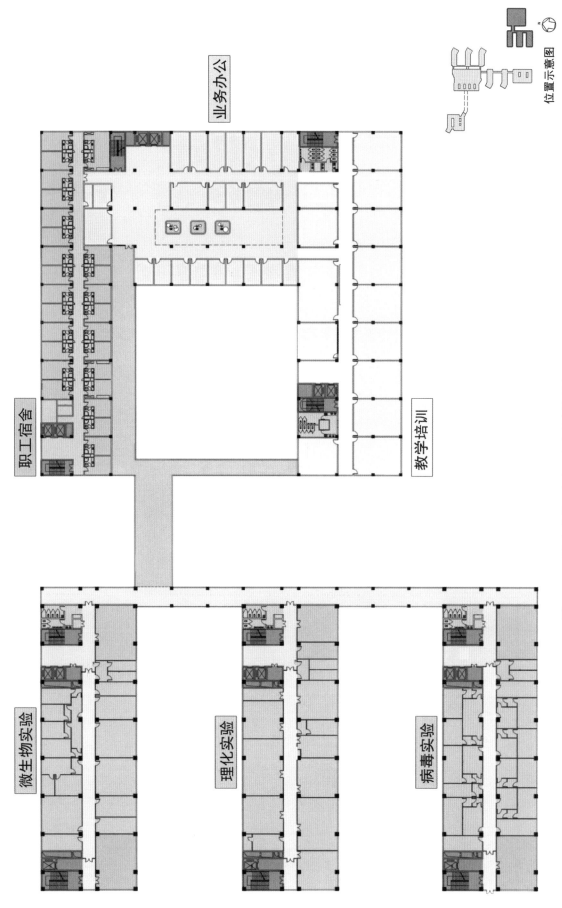

业务办公

职工宿舍

教学培训

微生物实验

理化实验

病毒实验

位置示意图

图 1.41 西安市公共卫生中心疾病预防控制中心三层平面图

第 11 章 西安市公共卫生中心项目简介

209

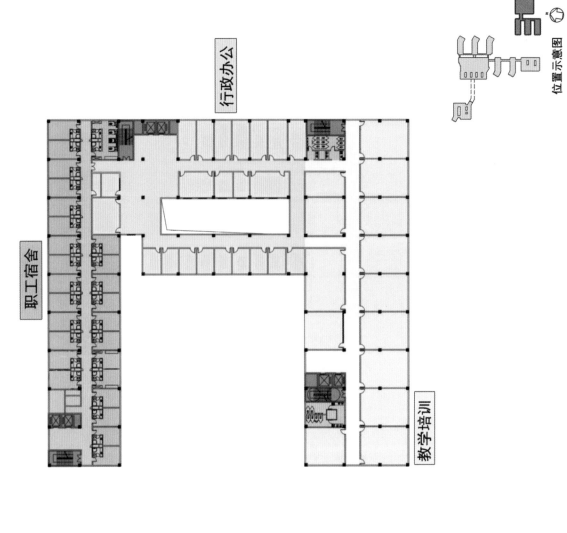

行政办公

职工宿舍

教学培训

微生物实验

理化实验

病毒实验

P3实验室

位置示意图

图 11.42　西安市公共卫生中心疾病预防控制中心四层平面图

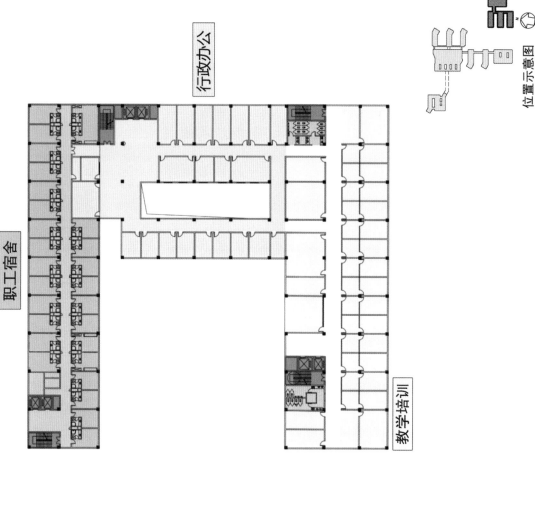

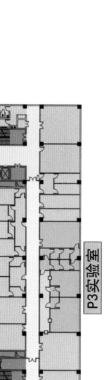

行政办公

职工宿舍

教学培训

位置示意图

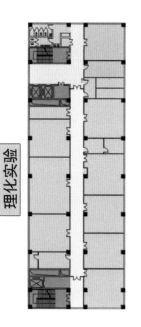

微生物实验

理化实验

病毒实验

P3实验室

图 11.43 西安市公共卫生中心疾病预防控制中心五层平面图

第 11 章 西安市公共卫生中心项目简介

211

11.5 室内空间设计

西安市公共卫生中心总体方案中，建筑形体、建筑内部、绿化景观设计中均采用柔和的曲线元素。因此室内方案设计时，提取立面、景观等设计中的曲线元素，以达到内外空间的贯通，志趣相生的目的。

11.5.1 综合院区室内设计

综合院区室内设计以自然为主基调，将空间与自然相融合，形成独特的医疗场所。达到空间与环境相融相生、和谐共存的美好境界。给予患者和医护人员更美好的就医体验和更惬意的工作环境。如图 11.44～图 11.47 所示。

设计元素取自于自然界中的高山、流水、丛林、洞石四种元素。拱形取于高山的曲折，将空间内的阳角弱化形成圆润流畅的造型，同时将高山层峦叠嶂的意象加入设计，变化出丰富的视觉体验。从流水中提取流线元素，在水平与垂直区域划分中形成连贯蜿蜒的视觉效果，地面铺装、公共家具等都传递出水的意向，使医疗空间更加柔和、舒缓。在丛林中提取木元素，在内部空间中点缀木纹装饰，营造温馨、治愈的空间氛围。同时将承重柱赋予树木和生命的意义，增强空间的艺术氛围感。洞石形态各异，将洞石的形态抽象应用于细节设计之中，形成天窗、座椅等，给医疗空间增添生机。不同形态节点的加入，使空间更为丰富。如图 11.48 所示。

图 11.44　综合院区设计策略

图 11.45　综合院区设计主题

现代医院护理单元平急两用建筑空间设计

图 11.46　综合院区大厅效果图一

图 11.47　综合院区大厅效果图二

图 11.48　综合院区大厅效果图三

候诊就医空间高效宽敞，吊顶采用自由流畅的曲线型，定制家具根据各诊区特色采用易于清洁的、造型柔美、色彩亮丽的材质。儿科、妇产科等空间柔美、灵动，符合诊区患者使用需求。如图 11.49～图 11.54 所示。

综合院区住院大厅是一个 2 层通高大厅，空间层次丰富，中央立柱花瓣形造型与门诊大厅呼应，打造出一个亲切温暖的可以共享交流的等候空间，平复入院患者的紧张心情。如图 11.55 所示。

综合院区护理单元为常规设置，中间为患者走廊，特殊时期可进行平急转换，阳光房隔断拆除转换为患者廊道，实现"三区两通道"功能，中部转换为医护走廊。

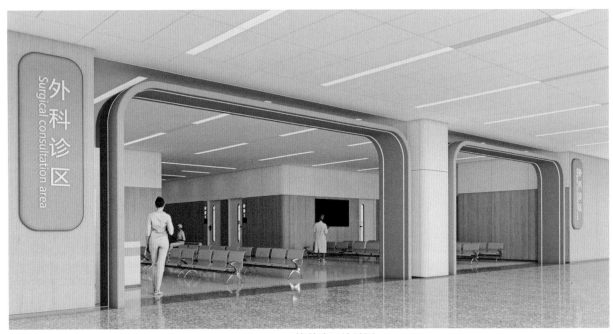

图 11.49　外科诊区效果图

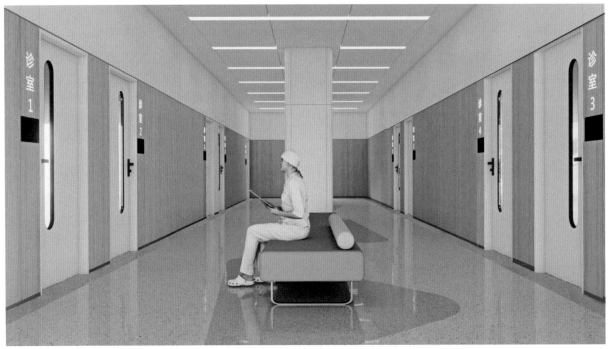

图 11.50　外科就诊走廊效果图

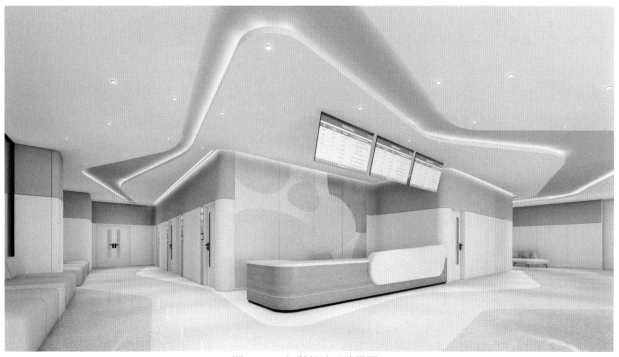

图 11.51　妇科候诊区效果图一

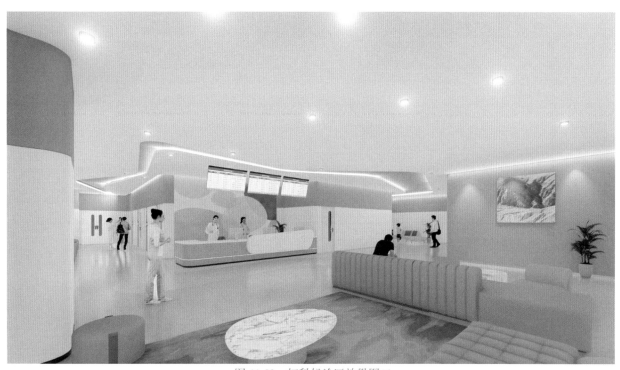

图 11.52　妇科候诊区效果图二

图 11.53　儿科候诊区效果图一

图 11.54　儿科候诊区效果图二

图 11.55 住院大厅休息区效果图

住院区效果如图 11.56、图 11.57 所示。

图 11.56 住院护士站效果图

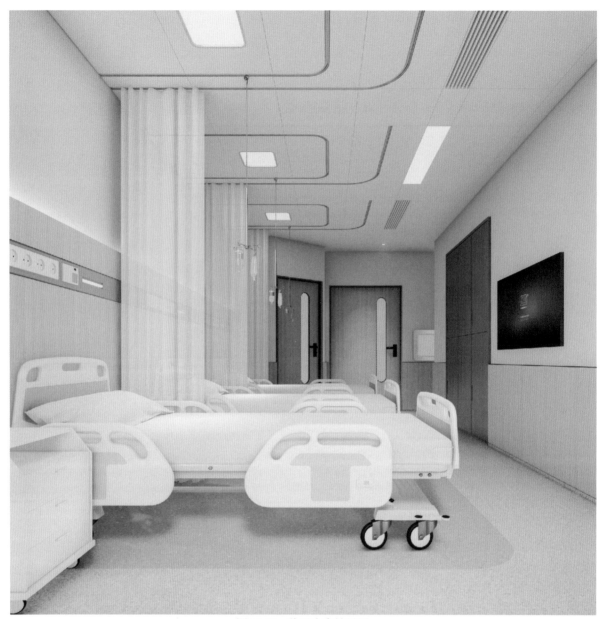

图 11.57　普通病房效果图

走道照明设计也采用智能化设计，可以在需要时、白天、午夜以三种模式间切换，做到流明够用、色温暖心、节电节能。亮灯的扶手也起到一个夜间引导作用。综合院区变换了色彩，空间更加清新有活力。

11.5.2　传染病院区室内设计

传染病院区室内设计主要秉承着以人为本、便于消杀、纯净简约的设计理念（图 11.58）。视线范围内白色居多，强调传染病院区专科属性，抗菌洁净，明快高效。

传染病院区大厅设计中提取百合圣洁吉祥的形象，设计提取百合花不同花期的形态，串联整体空间，展现"自然、生长、孕育"的主题，如图 11.59 所示。从地面流水型铺装到柱子的花瓣造型，随处蕴含了百合所带来的洁净感与生命力，局部点缀的橙色渐变玻璃，让整个大厅空间增加了温馨温暖的层次感。医院设计中材料的运用，最应注重的是抗菌、耐腐蚀、防火等问题，而作为一个传染病医院，更多关注的是其本身的医疗属性和功能要求，无论是从装饰材料的选择还是造型的设计均采用更加简约、洁净、易于消杀、清洁。效果图见图 11.60～图 11.63。

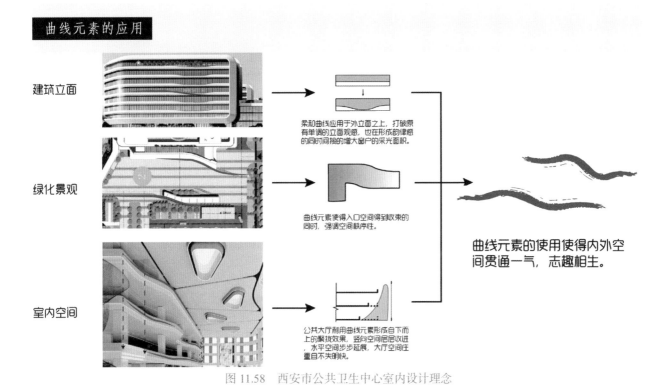

图 11.58　西安市公共卫生中心室内设计理念

公共空间采用犹如百合花瓣舒展的地面铺装，运用现浇无机磨石打造出自由的曲线拼接，并且达到无缝易消杀的要求。墙面以白色点缀木色 A 级医疗板为主。

住院大厅也打破以往的急躁与紧张感，更加通透明亮。抽象的百合花形的灯具设计、花瓣造型的等候椅都紧扣了百合花绽放的设计母题。效果图见图 11.64～图 11.69。

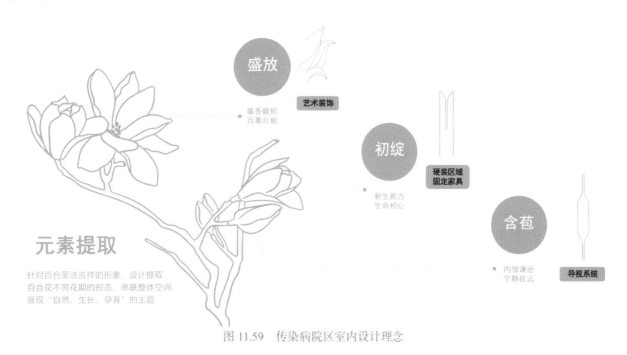

图 11.59　传染病院区室内设计理念

图 11.60 传染病院区大厅效果图一

图 11.61 传染病院区大厅效果图二

图 11.62 传染病院区大厅效果图三

图 11.63 传染病院区急诊科效果图

护理单元部分室内设计在延续整体通透明亮、纯净简约设计理念的同时，更加注重传染病医院护理单元的特殊性，根据其防控需求，进一步考量优化医护走廊中传递窗、患者走廊中的开窗细节。

本项目中，传递窗结合观察窗同步设计，形成上部观察窗、下部传递窗的特殊形式。该种模式下，有利于医生传递物品时观测患者情况，同时有利于增进医患交流。

病房朝向患者走廊采用大面积开窗，窗户下半部分使用磨砂玻璃，上半部分窗户采用上悬开启窗，保护患者隐私。如图 11.70～图 11.72 所示。

图 11.64 传染病院区手术等候区效果图

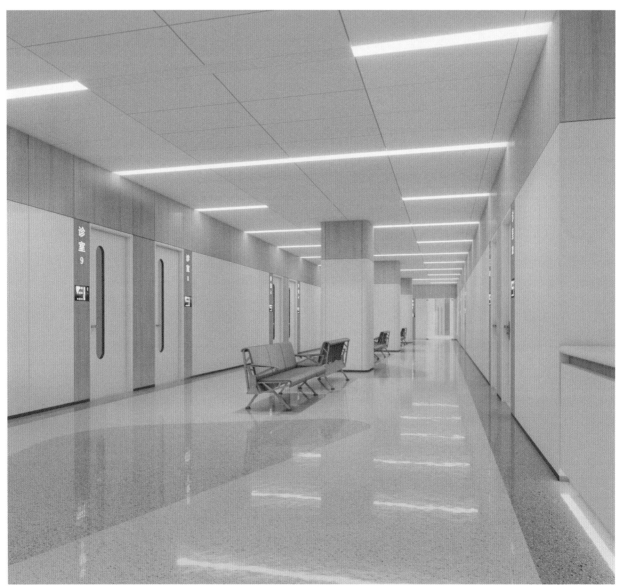

图 11.65 传染病院区候诊空间效果图

图 11.66　传染病院区住院挂号收费窗口效果图

图 11.67　传染病院区电梯厅效果图

图 11.68　传染病院区住院部护士站效果图

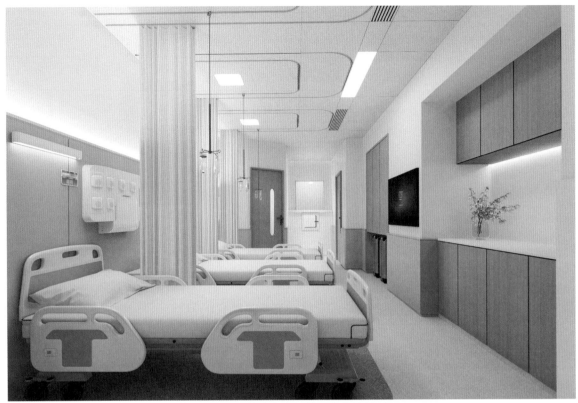

图 11.69　传染病院区普通病房效果图

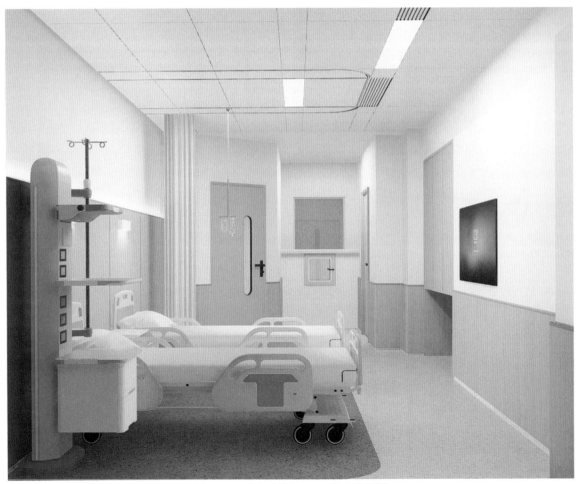

图 11.70　传染病院区 ICU 病房效果图

图 11.71　传染病院区医护走廊效果图

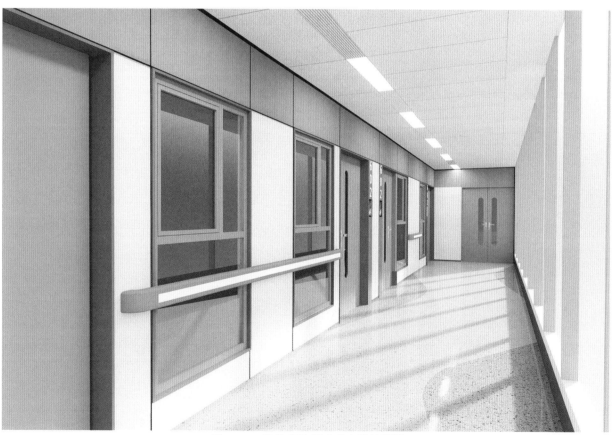

图 11.72　传染病院区患者走廊效果图

11.6 项目实景

项目实景如图 11.73～图 11.82 所示。

图 11.73　西安市公共卫生中心实景图一

图 11.74　西安市公共卫生中心实景图二

图 11.75　西安市公共卫生中心实景图三

图 11.76　西安市公共卫生中心传染病院区实景图一

图 11.77 西安市公共卫生中心传染病院区实景图二

图 11.78 西安市公共卫生中心指挥保障中心实景图

图 11.79　西安市公共卫生中心综合院区大厅实景图一

图 11.80　西安市公共卫生中心综合院区大厅实景图二

图 11.81　西安市公共卫生中心传染病院区大厅实景图一

图 11.82　西安市公共卫生中心传染病院区大厅实景图二

现代医院护理单元平急两用建筑空间设计

参 考 文 献

[1] 雷霖, 杨毅, 郁立强. 基于可持续发展的非遗文化建筑空间设计探讨[J]. 建筑科学 2024, 5: 195.

[2] 付波航, 于寄语. 我国医疗卫生体系资源配置与利用效率研究[J]. 中国医院, 2023, 27(4): 1-4.

[3] 国家卫生健康委员会. 2022 中国卫生健康统计年鉴[M]. 北京: 中国协和医科大学出版社.

[4] 李超, 尹优. 平疫结合型医院设计思考[J]. 华中建筑, 2020, 38(4): 88-91.

[5] 滕伟. 平疫结合需求下的综合医院建筑改造设计研究[D]. 北京: 北京建筑大学, 2021.

[6] 王唯, 彭云涛, 黄挡玉, 等. 基于平疫结合理念的综合性医院设计思路分析[J]. 中国医院建筑与装备, 2021, 22(4): 68-71.

[7] 沈敦煌. 综合医院护理单元平疫结合设计策略研究[D]. 广州: 华南理工大学, 2021.

[8] 耿竞, 张倩楠. 综合医院"平疫结合"型护理单元的设计策略[J]. 工程建设与设计, 2021, (S1): 21-24.

[9] 雷霖. 西安市公共卫生中心项目——论新时期现代传染病医院与综合医院的平疫转换设计思路[J]. 城市建筑, 2022, 19(8): 177-182.

[10] 张鸣. 综合医院中住院病区"平疫转换"设计策略研究[D]. 南昌: 南昌大学, 2022.

[11] 黄锡璆. 传染病医院及应急医疗设施设计[J]. 建筑学报, 2003(7): 14-17.

[12] 矫雪梅, 张晓婧, 徐飞. 韧性城市理念下传染病医院弹性建设模式研究[J]. 规划师, 2020, 36(5): 94-98.

[13] 龙灏, 张程远. 区域联动 战略储备 平战双轨——基于历史和现实超大规模疫情的当代传染病医院设计[J]. 建筑学报, 2020(Z1): 41-48.

[14] 吕占秀, 周先志, 张伟平, 等. 现代传染病医院管理学[M]. 北京: 人民军医出版社, 2010.

[15] 曹伟, 傅宏杰. 呼吸道传染病医院护理单元设计探析[J]. 建筑学报, 2014(12): 61-65.

[16] 《民用建筑设计统一标准》GB 50352—2019

[17] 《传染病医院建筑设计规范》GB 50849—2014

[18] 《综合医院建筑设计规范》GB 51039—2014

[19] 《综合医院建设标准》建标 110—2021

[20] 《传染病医院建设标准》建标 173—2016

[21] 《城乡公共卫生应急空间规划规范》TD/T 1074—2023

[22] 《建筑给水排水设计标准》GB 50015—2019

[23] 《医疗机构水污染物排放标准》GB 18466—2005

[24] 《建筑防火通用规范》GB 55037—2022

[25] 《消防设施通用规范》GB 55036—2022

[26] 《民用建筑通用规范》GB 55031—2022

[27] 《建筑设计防火规范》GB 50016—2014（2018 年版）

[28] 《建筑内部装修设计防火规范》GB 50222—2017

[29] 《民用建筑供暖通风与空气调节设计规范》GB 50736—2012

[30] 《民用建筑电气设计标准》GB 51348—2019

[31] 《医学隔离观察设施设计标准》T/CECS 961—2021

现代医院护理单元平急两用建筑空间设计
科 研 成 果 汇 总

发明专利

实用新型专利

现代医院护理单元平急两用建筑空间设计

作品登记证书

No. 01653122

登 记 号： 国作登字-2022-J-10142903
作品名称： 公共卫生中心总平面设计图 作品类别： 图形作品

作 者： 中国建筑西北设计研究院有限公司 著作权人： 中国建筑西北设计研究院有限公司

创作完成日期： 2021年03月01日 首次发表日期： 未发表

以上事项，由中国建筑西北设计研究院有限公司申请，经中国版权保护中心审核，根据《作品自愿登记试行办法》规定，予以登记。

登记日期： 2022年07月18日 登记机构签章

中华人民共和国国家版权局统一监制

作品登记证书

No. 01653123

登 记 号： 国作登字-2022-J-10142904
作品名称： 疾控中心总平面设计图 作品类别： 图形作品

作 者： 中国建筑西北设计研究院有限公司 著作权人： 中国建筑西北设计研究院有限公司

创作完成日期： 2021年03月01日 首次发表日期： 未发表

以上事项，由中国建筑西北设计研究院有限公司申请，经中国版权保护中心审核，根据《作品自愿登记试行办法》规定，予以登记。

登记日期： 2022年07月18日 登记机构签章

中华人民共和国国家版权局统一监制

作品登记证书

No. 01653124

登 记 号： 国作登字-2022-J-10142905
作品名称： 疾控中心立面设计图 作品类别： 图形作品

作 者： 中国建筑西北设计研究院有限公司 著作权人： 中国建筑西北设计研究院有限公司

创作完成日期： 2021年03月01日 首次发表日期： 未发表

以上事项，由中国建筑西北设计研究院有限公司申请，经中国版权保护中心审核，根据《作品自愿登记试行办法》规定，予以登记。

登记日期： 2022年07月18日 登记机构签章

中华人民共和国国家版权局统一监制

西安市住房和城乡建设局关于印发西安市"平急两用"医疗应急服务点建设技术指南（试行）的通知

索引号	1161010001335318XX/2024-000512	主题分类	城乡建设、环境保护、房地产管理＼城乡建设
发布机构	西安市住房和城乡建设局	成文日期	2024-03-31
发文字号	市建发〔2024〕39号	发布日期	2024-04-02 15:05
有效性	有效	生效日期	2024-03-31
摘要	各有关单位：为贯彻落实《西安"平急两用"公共基础设施建设实施方案》（市政办发〔2024〕1号），加强对"平急两用"医疗应急服务点建设的指导，西安市住房和城乡建设局组织编制了《西安"平急两用"医疗应急服务点建设技术指南（试行）》。		

【字体: 大中小】　🖶 打印　💾 保存

各有关单位：

为贯彻落实《西安市"平急两用"公共基础设施建设实施方案》（市政办发〔2024〕1号），加强对"平急两用"医疗应急服务点建设的指导，西安市住房和城乡建设局组织编制了《西安市"平急两用"医疗应急服务点建设技术指南（试行）》。现印发给你们，请结合实际认真贯彻执行。

西安市住房和城乡建设局

2024年3月31日

西安市"平急两用"医疗应急服务点
建设技术指南（试行）

目　录

西安市住房和城乡建设局

2024年3月